编写人员

顾　　问　朱光喜　李旭涛

丛书主编　钟艳如

丛书副主编　陈　洁

本册主编　肖海明　董朝旭

本册副主编　邓彩梅

本册参编　陈　坤　陈　丽　胡　杰　黄　辉　贾　楠　李振庭　饶福强　翁杰军　伍大智　谢　莉　周　靓　周宇雄　邹玉婷

序

以饱满的热情、创新的姿态，昂首迈进人工智能时代

世界已从制造经济时代进入了资讯经济时代，生活亦将从“互联网 +”时代开始向“人工智能 +”时代迈进

近几十年来，我们周围的世界乃至全球的经济与生活无时无刻不在发生着巨大变革。推动经济和社会大步向前发展的已不仅仅是直白可视的工业制造和机器，更有人类的思维与资讯。我们的世界已从制造经济时代进入了资讯经济时代，生产方式正从“机械自动化”逐渐向“人工智能化”过渡，我们的生活亦将很快从当前的“互联网 +”时代开始向“人工智能 +”时代迈进，新知识和新技能显得尤为重要。

编程和人工智能在新经济和新生活时代的作用与地位

人工智能（Artificial Intelligence），英文缩写为AI。它是研究、开发用于模拟、延伸和扩展人的智能的理论、方法、技术及应用系统的一门新的技术科学。该领域的研究包括机器人、语言识别、图像识别、自然语言处理和专家系统等。百度无人驾驶汽车、谷歌机器人（Alpha Go）大战李世石等都是人工智能技术的体现。

近年来，我国已经针对人工智能制定了各类规划和行动方案，全力支持人工智能产业的发展。

显然，人工智能时代已经到来！

三 人工智能时代的 STEAM 教育

人工智能时代的STEAM教育，其核心之一是培养学生的计算思维，所谓计算思维就是“利用计算机科学中的基本概念来解决问题、设计系统以及了解人类行为。”计算思维是解决问题的新方法，能够改变学生的学习方式，帮助学生创建克服困难的思路。虽然计算思维的基础是计算机科学中的编程等，但它已被普遍地应用于所有学科，包括文学、经济学、数学、化学等。

通过学习编程与人工智能培养出来的计算思维，至少在以下3个方面能给学生带来极大益处。

（1）解决问题的能力。掌握了计算思维的学生能更好地知道如何克服突发困难，并且尽可能快速地给出解决方案。

（2）创造性思考的能力。掌握了计算思维的学生更善于研究、收集和了解最新的信息，然后运用新的信息来解决各种问题和实施各项方案。

（3）独立自信的精神。掌握了计算思维的学生能更好地适应团队工作，在独立面对挑战时表现得更为自信和淡定。

鉴于编程和人工智能在中小学STEAM教育中的重要性，全球很多国家和地区都有立法要求学校开设相关课程。2017年，我国国务院、教育部也先后公布《新一代人工智能发展规划》《中小学综合实践活动课程指导纲要》等文件，明确提出要在中小学阶段设置编程和人工智能相关课程，这将对我国教育体制改革具有深远影响。

四 机器人在开展编程与人工智能教育时的独特地位

机器人之所以会逐步成为STEAM教育和技术巧妙融合的最好载体并广受欢迎，是因为机器人相比其他教学载体，如无人机、3D打印机、激光切割机等，有着其自身的鲜明特点。

（1）以教育机器人作为STEAM教育的物理载体，能很好地兼顾教育的趣味性、多样性、延展性、创意性、安全性和政策性。

（2）机器人教育能够弥补学校教育中缺乏的对学生动手能力和操作能力的实训。

（3）机器人教育是跨多学科知识的综合教育，机器人具有明显的跨界、融合、协同等特征，融合了电子、计算机软硬件、传感器、自动控制、人工智能、机械设计、人机交互、网络通信、仿生学和材料学等多学科技术，有助于培养学生综合素质。

（4）机器人教育适合各年龄段的学生参与学习，幼儿园阶段、中小学阶段甚至大学阶段，都能在机器人教育阶梯中找到自己的位置。

五 《AI 机器人时代 机器人创新实验教程》的重要性和稀缺性

《AI机器人时代 机器人创新实验教程》是依据STEAM教育“四位一体”教学理论和模式编写的，本系列课程共分1~4级，每级分上、下两册。

每级课程分别是基于不同年龄段的学生特点进行开发设计的。课程各单元开篇采用故事、游戏、问答以及图片或视频的形式引出主题，并提供主题背景知识，加深学生印象；课程按1~4级，从结构搭建、原理讲解到简单编程、复杂编程，从具体思维到抽象思维，从简单到复杂，从低级到高级，进行讲解；所涉及的学科内容涵盖了计算机、电子、结构、力学、数学、设计、社会学、人文学甚至历史等。通过本系列课程的学习，可以激发学生对科学探究的兴趣，通过机器人拼装、运行等帮助学生更好地学习到物理、编程和人工智能等相关知识与技能，提升对学生计算思维、创新能力和空间想象力的培养，并更好地理解人与自然、人与人、人与时间的联系等。

此外，本系列课程的编写顾问和编写成员阵容强大，除了韩端国际教育科技（深圳）有限公司（后简称：韩端国际）具有丰富经验、颇深专业素养的课程开发团队外，还诚邀中国教育技术协会副会长、中国教育技术协会技术标准委员会秘书长钟晓流教授，清华大学电子工程系博士生导师、国家自然科学基金资助项目会议评审专家杨健教授，汕头大学电子工程系李旭涛教授，以及多位曾任或现任教育主管部门负责人、教育考试院专家、知名中小学校校长、STEAM教育科研组资深老师等加入，保证了本系列课程的专业性、广泛性、实用性以及权威性。

我是在工作中了解到韩端国际的。这是一家十多年来专注于教育机器人领域的国家级高新技术企业，它长期致力于向广大学校、教培机构、学生和家长，提供“机器人+编程+人工智能+课程”的产品和服务，用户已经覆盖包括中国在内的全球近50个国家和地区，可以称得上是全球领先的科技教育品牌；它的教育机器人品牌是MRT（全称：MY ROBOT TIME）。从认识开始，我就对一个企业能十年如一日地专注于一个领域深耕，尤其是在投入长、要求高、回报慢的教育行业，是颇有好感，也是很钦佩的！2017年，韩端国际人又适时提出了“矢志打造人工智能时代行业基石”的口号，我个人对此是非常认同的。他们是真正在践行“编程和人工智能教育，从娃娃抓起”的理念，这是时代的呼唤，也是用户的诉求，既有对未来行业发展方向正确的认知，也有对行业发展责任勇敢的承担。

最后，我想说，不管你是否准备好，人工智能时代确实已经到来，那就让我们和我们的下一代，以饱满的热情、创新的姿态，昂首迈进人工智能时代吧！

此序。

朱光喜

2019年3月31日

写于华中科技大学

创意拼装模型

开始闯关

第 1 单元　直升机

第 2 单元　水上飞机

第 3 单元　阿凡达直升机

第 4 单元　对抗机器人

第 5 单元　赛　车

第 6 单元　陀　螺

本册闯关地图

教学“工具包”配件清单

模块

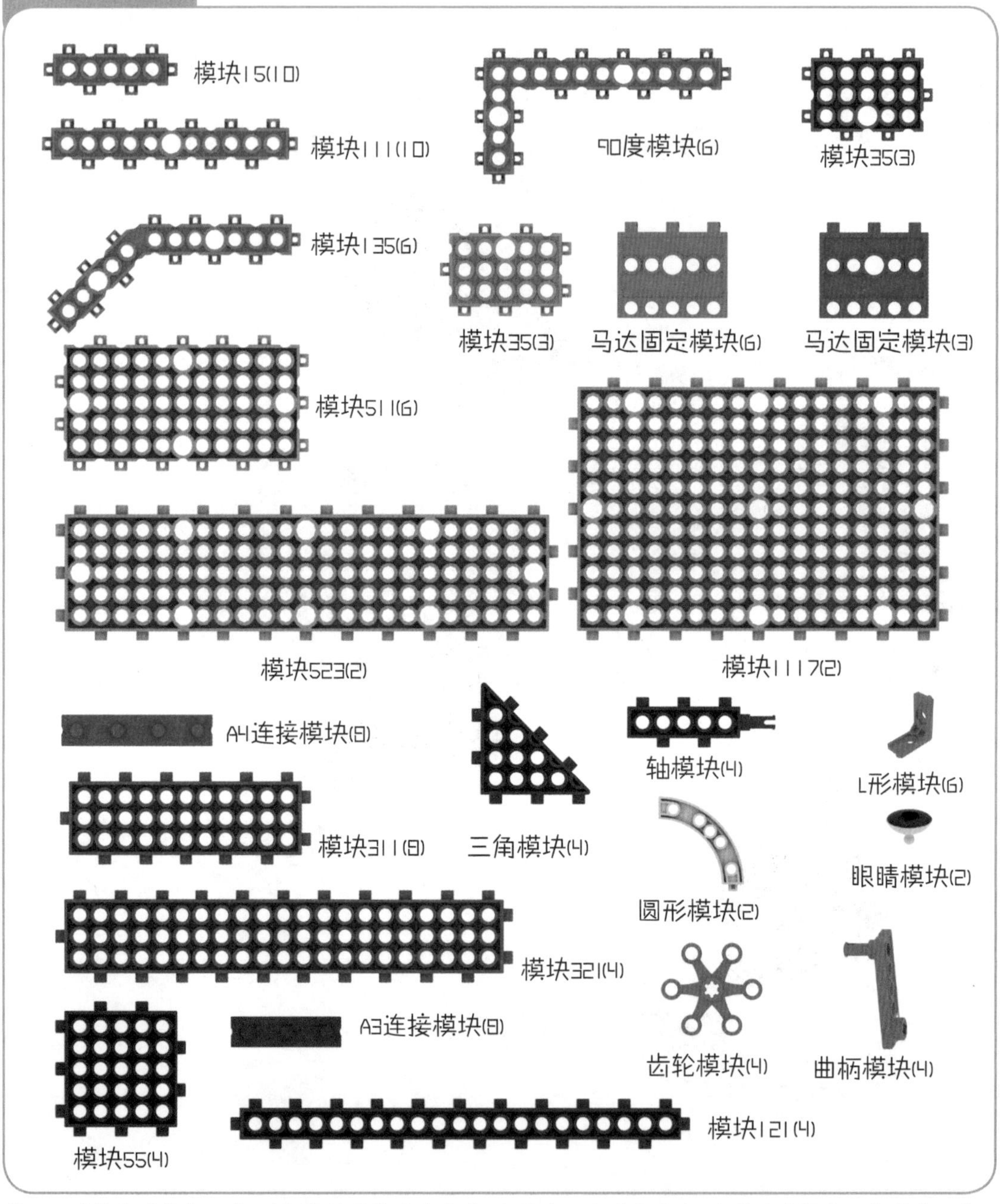

注：1. 清单中“模块15（10）”指的是竖直方向有1个圆孔、水平方向有5个圆孔的模块，数量为10块，下同。

2. 在产品质量改进过程中，图中所示的一些部件的外观和颜色有可能与实物有所不同。

框架/连接框架

5孔框架(10)

11 孔框架 (10)

21孔框架(4)

橡皮框架(4)

5孔连接框架(10)

11孔连接框架(10)

轴/护帽

连接轴(8)

短轴(8)

中轴(8)

长轴(8)

连接护帽(4)

大护帽(15)

小护帽(10)

小红帽(20)

轮子/齿轮/其他

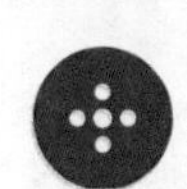

红色轮子(4)

大轮子(2)

中轮子(2)

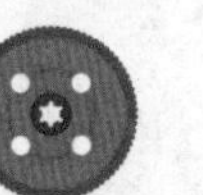

小轮子(2)

大齿轮(2)

中齿轮(2)

小齿轮(2)

引导轮(4)

链条轮(2)

履带(40)

扳手(1)

电子组件

主板(1)

DC马达(2)

遥控接收器(1)

触碰传感器(2)

6V电池夹(1)

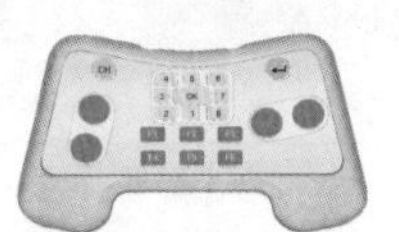

遥控器(1)

喇叭传感器(1)

红外线传感器(3)

主板说明

主板的结构

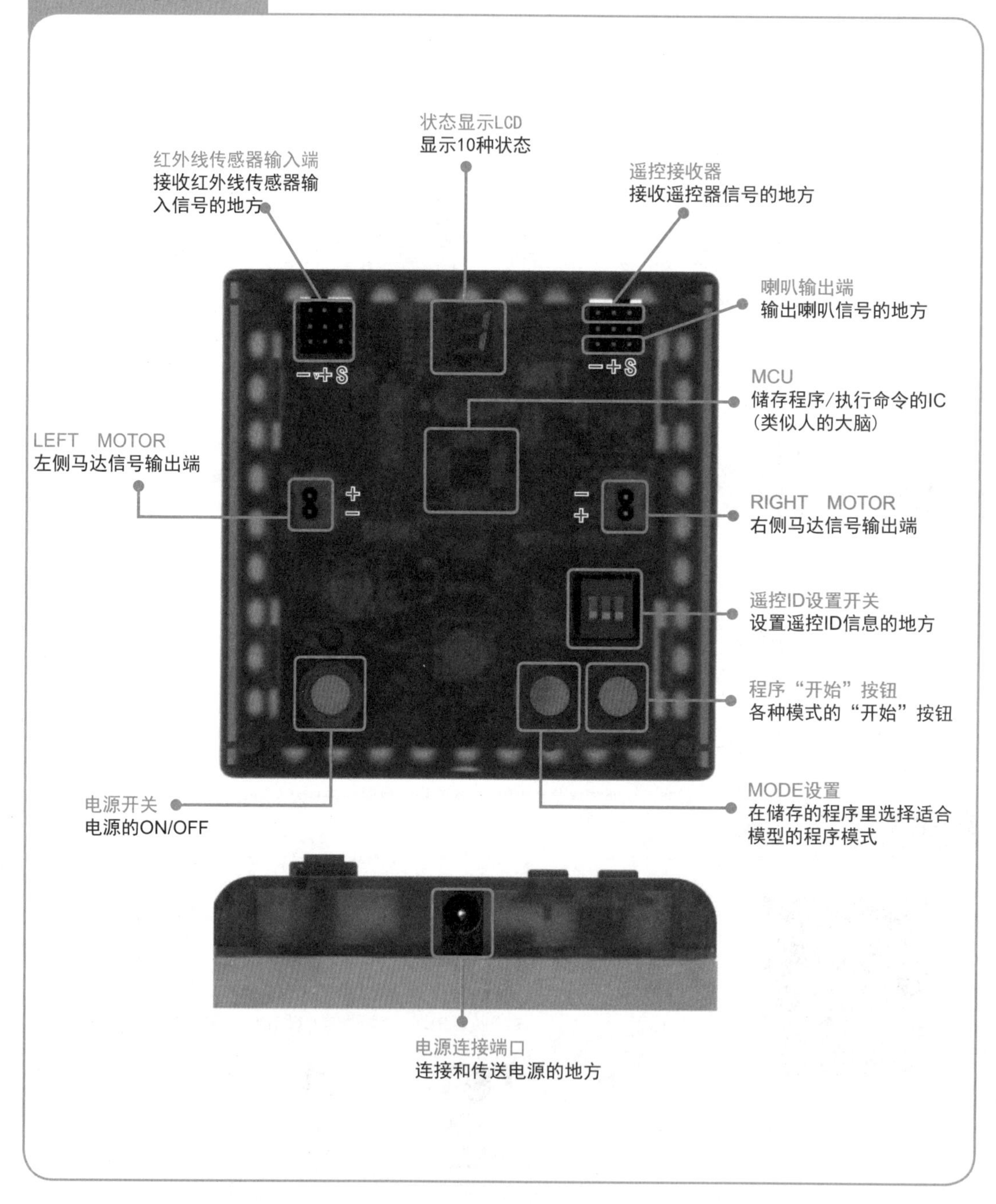

注：该主板自带部分预先设定的程序，即便不进行电脑编程也可使用。

主板模式设置

① 按下MODE设置键后，状态显示LCD将显示当前的模式编号。
② 继续按MODE设置键，可以切换状态。
③ 切换到想要的模式后，按下“开始”按钮，就可以将主板设置为需要的模式。

MODE 1

FREE MOVE

MODE 2

遥控

MODE 3

线追踪

MODE 4

闪避

MODE 5

跟踪

MODE 6

悬崖识别

MODE 7

触碰

MODE 8

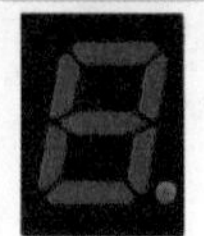

遥控 + 红外线

MODE 9

遥控 + 触碰

MODE 0

遥控（R）

主板上的传感器

红外线传感器

发光体（透明色）
发出红外线信号到物体，将被物体反射回来的红外线信号输入到接收体的作用。

接收体（黑色）
检测发光体发出的红外线信号，将该信号转换为输入信号的作用。

喇叭传感器

喇叭
将主板发过来的声音信号输出到外部的作用。

触碰传感器

触碰按钮
把输入信号设置成“ON/OFF”时使用。

遥控器的使用说明

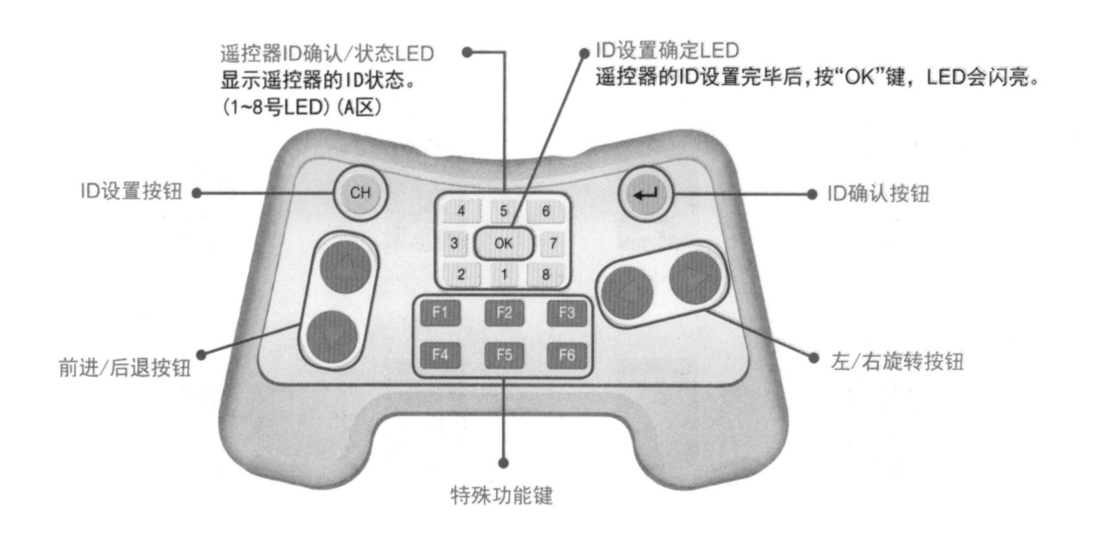

1. 使用方法

① 打开机器人的电源开关(ON位置)。

② 将主板的模式设置成2，遥控器模式(如图所示 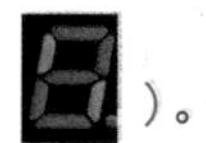)。

③ 按 ↵ 按钮时，在A区会显示当前的ID。

④ 在按住 ↵ 按钮的同时，再按 CH 按钮，可以选择任意ID(1~8号)这时A区的LED会亮起。

⑤ 选到需要的ID后放开 ↵ 按钮，用 CH 按钮最终设置。

⑥ 按钮 OK 闪烁三次，则说明已完成遥控器ID设置。

⑦ 按 ↵ 按钮，可确认当前设置的ID状态。

注：若ID设置失败，请重复①~⑦步骤。

2. 通信 ID 设置方法

每一个遥控器 ID(1~8 号)都与主板相对应，主板遥控器 ID 设置开关区有三个拨动开关；它们的设置方式如下。(图中亮色区域为拨动开关向下)

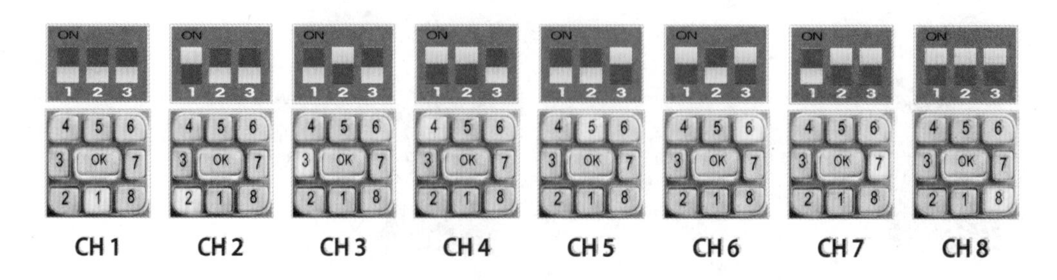

3. 连接线注意事项

在我们应用的模块套装中，每个遥控接收器模块都由三根不同颜色的线组成，分别为红色线、黑色线、白色线；红色线连接在主板“遥控接收器”的“+”标记处，黑色线连接在主板“遥控接收器”的“–”标记处，白色线连接在主板“遥控接收器”的“S”标记处。

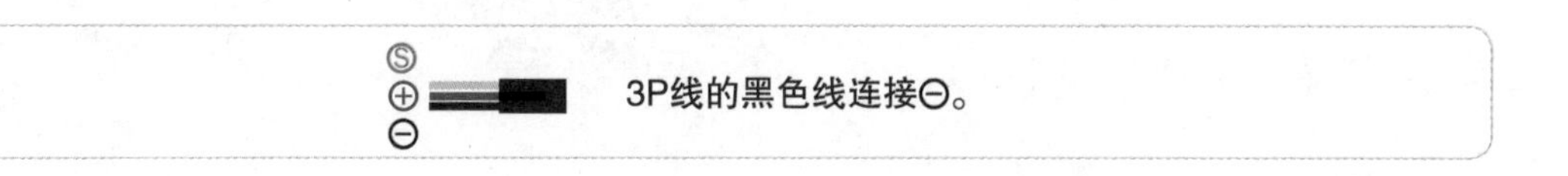

4. 遥控器工作原理

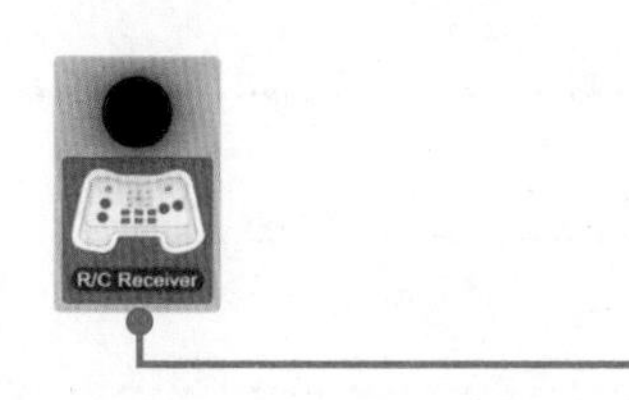

遥控接收器
接收遥控器发出的红外信号，再把这个信号转换为输入信号的作用。

主板上连接该遥控接收器并且频道配对成功后，才能使用遥控器操控。

（1）按键时，红外线载着信号发送到主板上的遥控接收器。

（2）遥控接收器有光敏二极管，可以将收到的红外线变成电子信号。

（3）电子信号通过主板上的线路，发送到喇叭输出端、马达输出端等，形成动作。

5. 操作注意事项

（1）家庭使用的红外线遥控器如电视遥控器的有效距离约为 5 米。

（2）如果有效距离太大，会对其他设备产生影响。

（3）其他信号传递方式，如超声波方式，会由于金属的碰撞及杂音导致误操作。

（4）红外线的有效距离最适合在家庭环境下使用。

目录

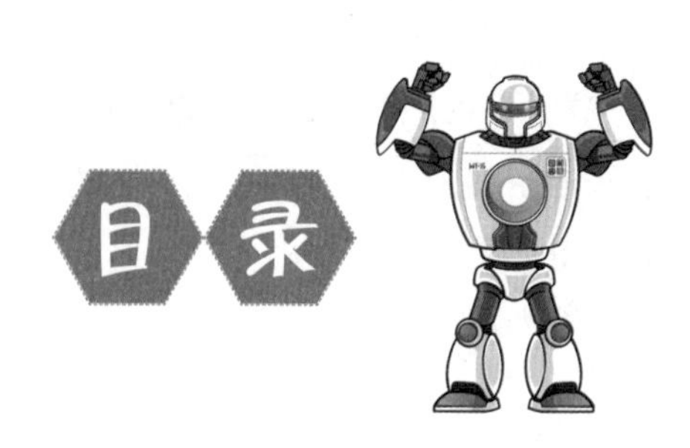

第1单元 直升机

学习目标

◎ 了解竹蜻蜓与直升机的关系。

◎ 了解直升机升空原理。

◎ 了解直升机基础结构。

◎ 能够搭建能活动的直升机模型。

大开眼界

① 竹蜻蜓

你玩过如图 1-1 所示的竹蜻蜓吗?

竹蜻蜓是公元前 400 年我国古代劳动人民发明的玩具。由于它制作简单，玩法灵活，很受小朋友欢迎，一直流传至今。可别小看这个小小的玩具，它还启发了直升机的发明呢!

竹蜻蜓通过手搓细竹棍带动叶片快速旋转，使叶片上下表面之间形成压力差，从而产生了向上的升力。当升力大于它本身的重量时，竹蜻蜓就会腾空而起。

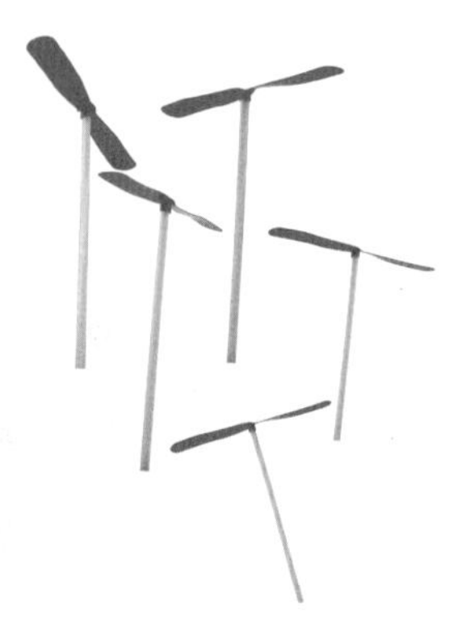

图 1-1　竹蜻蜓

现代直升机的结构当然比竹蜻蜓要复杂千万倍，不过其飞行原理却与竹蜻蜓有相似之处。直升机的旋翼就好像竹蜻蜓的叶片，旋翼轴就像竹蜻蜓的那根细竹棍，发动机就像我们用力搓竹棍的双手。

② 直升机

1907 年 8 月，法国人保罗·科尔尼研制出第一架全尺寸载人直升机，被称为“人类第一架直升机”。这架名为“飞行自行车”的直升机靠自身动力垂直升空，离开地面 0.3 米，飞行了 20 多秒。

直升机的特点是可以垂直起降。因此，不需要提供长长的飞机跑道(图 1-2)，只需要较小的场地(图 1-3)，如大楼顶层即可让直升机起停。起飞后，直升机可以进行低空、低速、悬停和机头方向不变的机动飞行。

图 1-2　飞机跑道

图 1-3　直升机停机坪

直升机由旋翼、尾翼、机身等组成，其结构如图 1–4 所示。

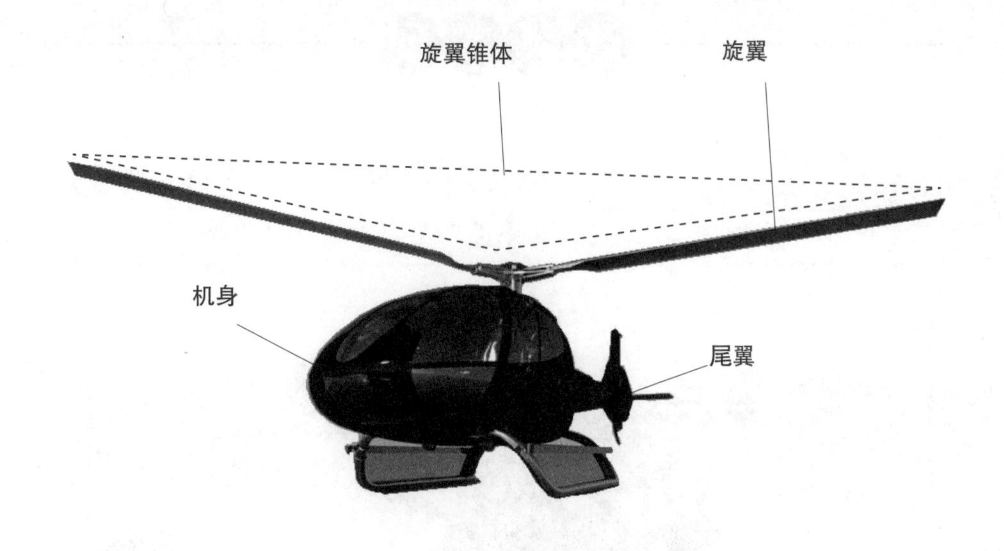

图 1–4　直升机结构图

直升机的飞行原理是，旋翼在转动时会形成一个底面朝上的大锥体，形成向上的拉力。如果这个拉力大于直升机的重量，就能把直升机从地面“拉”起来，直升机上升。在飞行的时候，如果这个拉力小于直升机重量，直升机就下降。当拉力等于直升机重量时，直升机就能悬停在半空。控制旋翼的倾斜方向，就可以让直升机向不同的方向飞。

直升机按旋翼数量可以分为单旋翼直升机（图 1–5）和双旋翼直升机（图 1–6）两种。

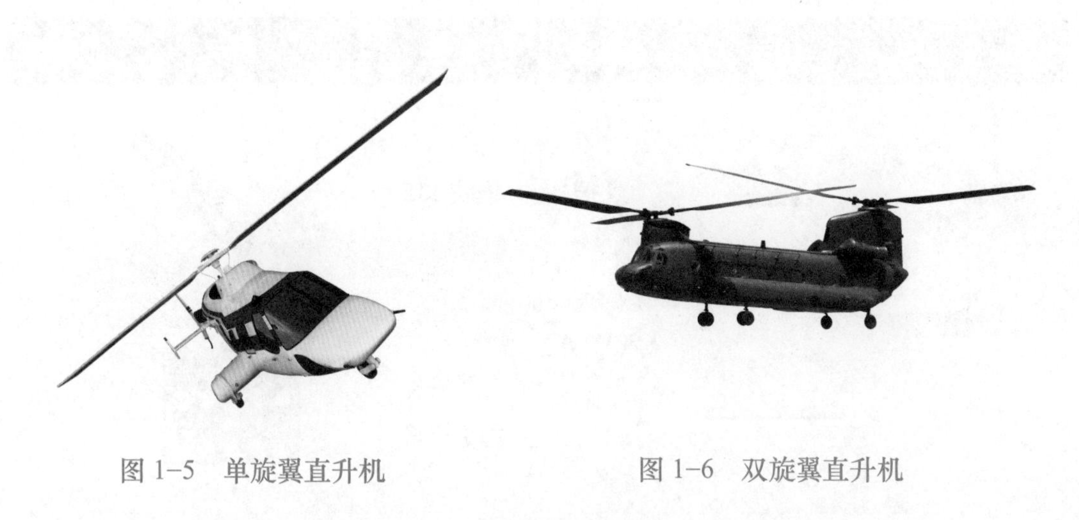

图 1–5　单旋翼直升机

图 1–6　双旋翼直升机

动手实现

① 本单元创意拼装目标：直升机（图1-7）。

图 1-7　直升机模型

② 准备材料

按照表 1-1 所示的配件清单准备拼装材料，做好搭建准备。

表 1-1　配件清单

品名	图示	数量	品名	图示	数量
短轴		1 根	模块 135		1 块
中轴		1 根	马达 固定模块		2 块

（续）

品名	图示	数量	品名	图示	数量
5孔连接框架		2块	模块35		1块
小红帽		4个	模块511		2块
模块15		2块	小轮子		1个
5孔框架		2块	模块55		2块
11孔框架		5块	齿轮模块		3块
模块311		1块	轴模块		2块
模块111		6块	三角模块		4块

③ 动手搭一搭（图1-8）

1

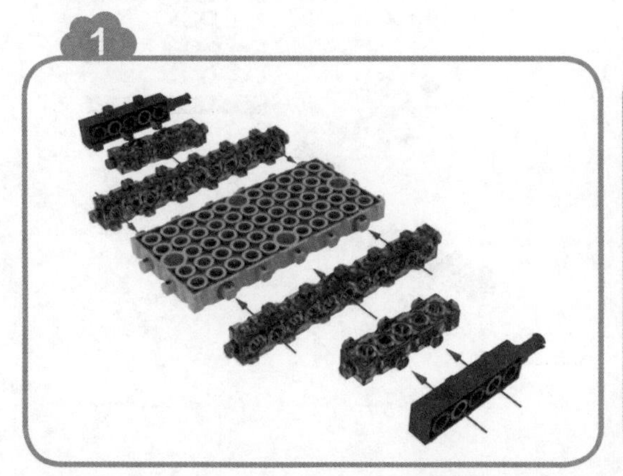

2

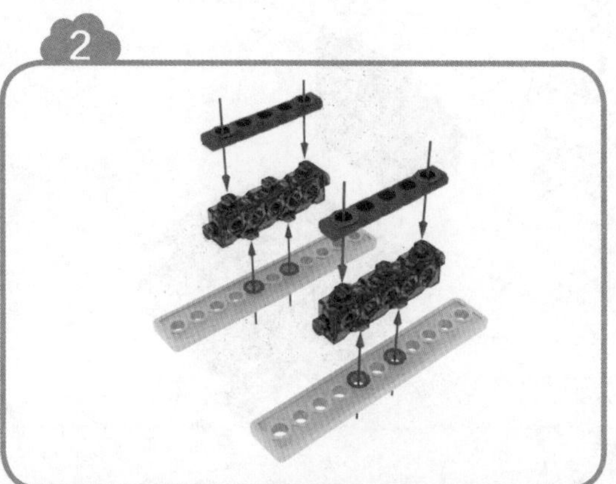

3

4

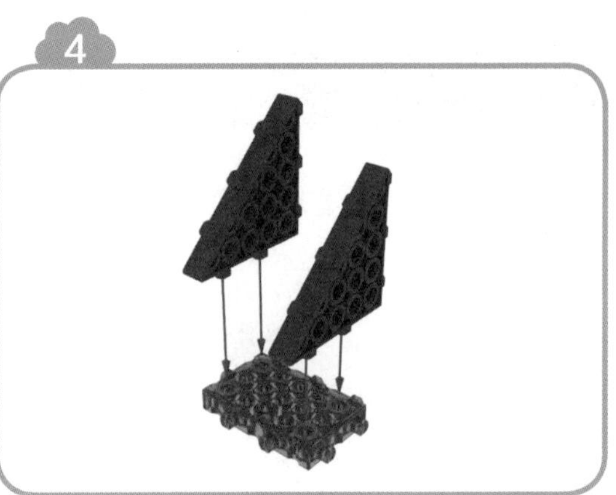

5

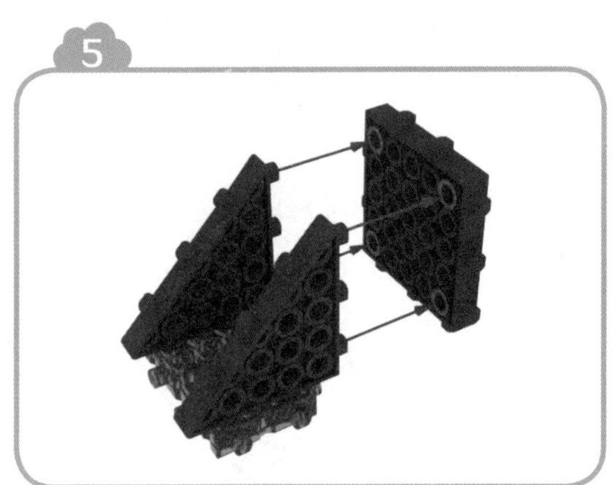

6

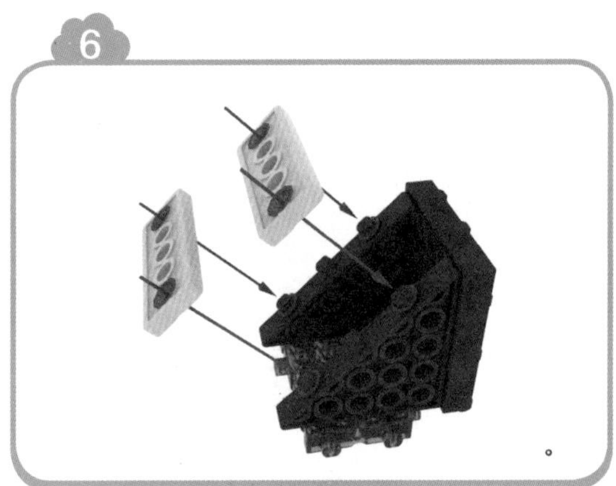

7

8

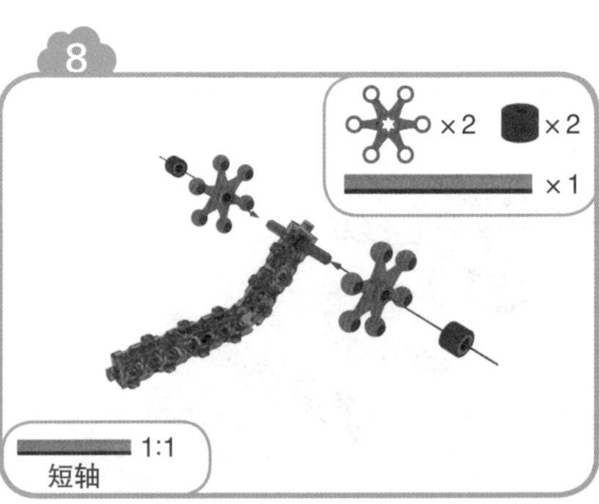

9

10

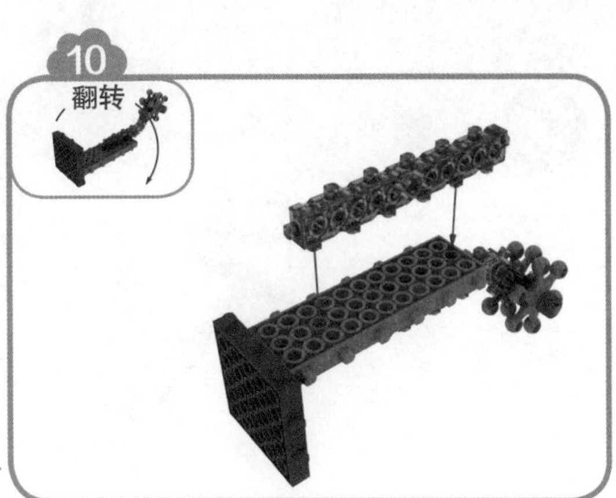

11

12

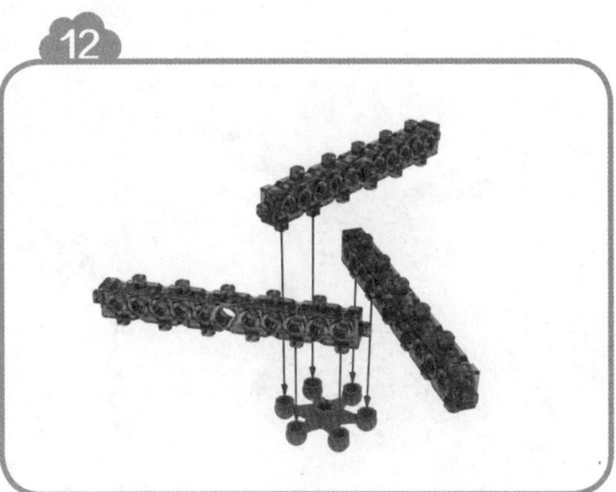

13

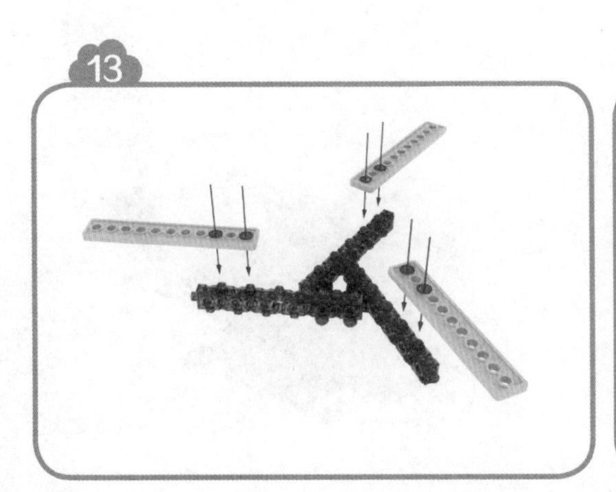

14

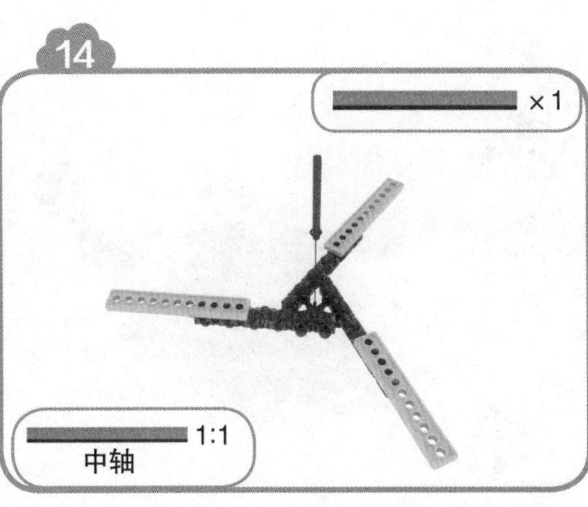

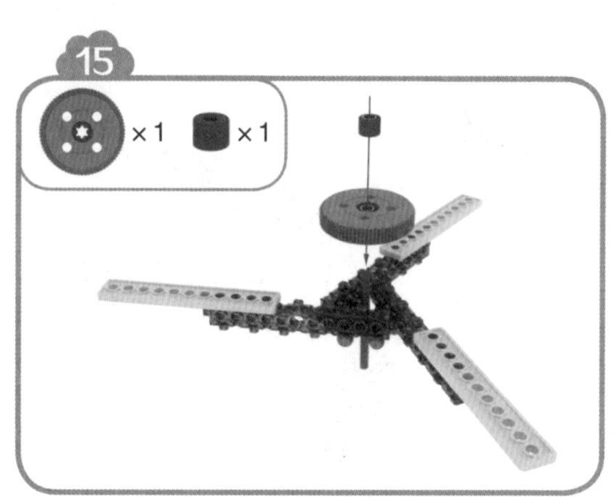

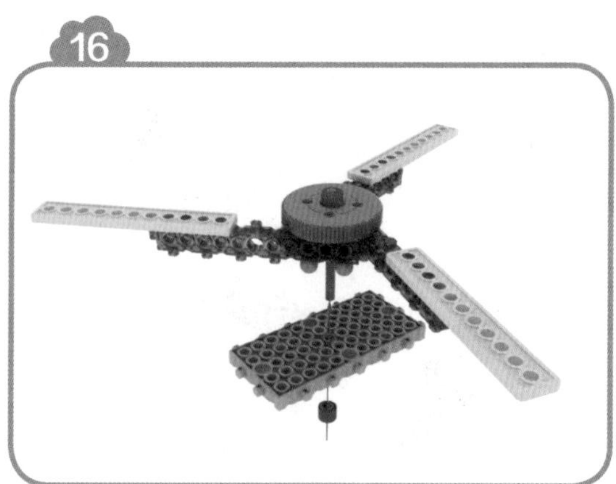

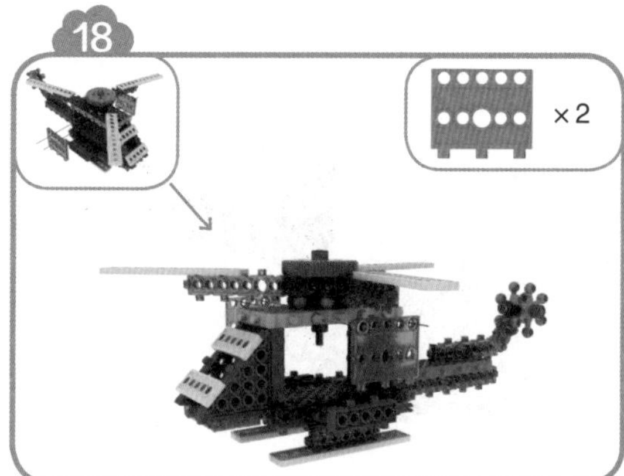

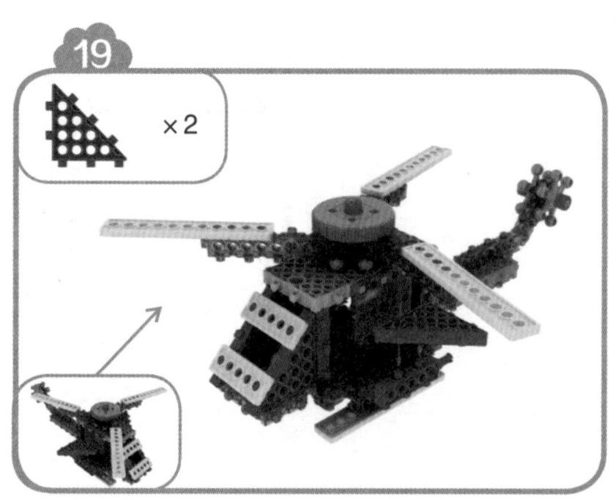

图 1–8 拼装步骤

想一想 说一说

（1）本单元搭建完成的直升机属于哪一类直升机？
（2）直升机有这么多优点，那为什么民航客机不使用直升机呢？
（3）你平时看的影视剧中，直升机一般用来做什么呢？

搭一搭 试一试

你能够搭建出其他样式的直升机吗？

结束整理

（1）请将作品拍照、保存。
（2）请将 6V 电池夹关闭并拆下。
（3）请将电子元器件拆下。
（4）请将模型拆除。
（5）请将所有配件放回原位。
（6）对照配件清单清点配件。

第2单元 水上飞机

学习目标

◎ 了解什么是水上飞机。

◎ 了解水上飞机的基础结构和它的飞行原理。

◎ 能够搭建水上飞机模型。

◎ 尝试进行主板和遥控器的设置以及操作。

大开眼界

① 什么是水上飞机

水上飞机（图 2-1）是指能在水面上起飞、降落和停泊的飞机，简称“水机”。有些水上飞机也能在陆上机场起降的，称为两栖飞机。世界上第一架能够依靠自身的动力实现水上起飞和降落的水上飞机是由法国人亨利·法布尔发明制造的。

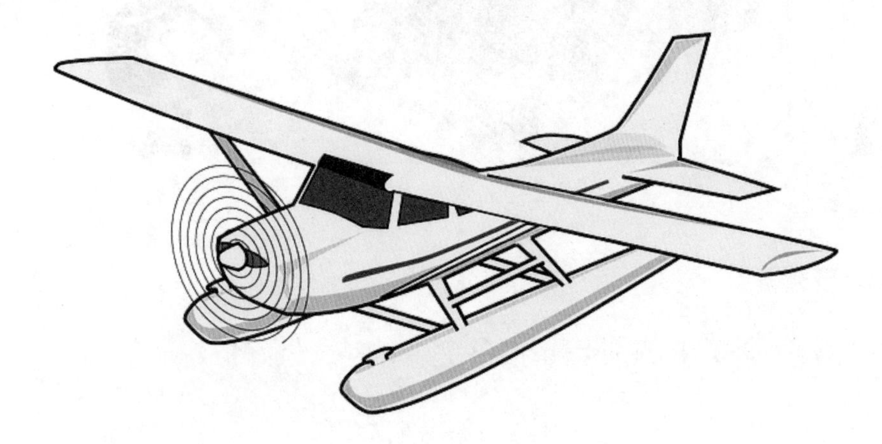

图 2-1 水上飞机示意图

② 水上飞机的飞行原理

水上飞机可以适应水上、空中两种不同环境，这和它的特殊设计分不开，说它是船，它却像飞机一样有机身、机翼、尾翼、螺旋桨以及起落架等；说它是飞机，但它的机身又是斧刃形的庞大船体。这一独特的特点，使它成为真正的“全能选手”。

当水上飞机停泊在水上时，宽大船体所产生的浮力，就会使飞机浮在水面上并且不会下沉。在需要起飞时，螺旋桨发动机产生的拉力，就会拖着它以相当快的速度在水面上滑跑，伴随着速度的不断增加，机翼上产生的升力慢慢克服了飞机的重力，从而把飞机从水面上逐渐托起来，成为在空中飞行的航船。

动手实现

① 本单元创意拼装目标：水上飞机（图 2-2）。

图 2-2　水上飞机模型

② 准备材料

按照表 2-1 所示的配件清单准备拼装材料，做好搭建准备。

表 2-1　配件清单

品名	图示	数量	品名	图示	数量
模块 15		5 块	马达固定模块		1 块
模块 111		4 块	11 孔框架		6 块
模块 135		4 块	21 孔框架		1 块
模块 35		4 块			

（续）

品名	图示	数量	品名	图示	数量
模块 511		3 块	遥控接收器		1 个
模块 523		1 块	5 孔框架		2 块
小红帽		6 个	主板		1 个
大护帽		1 个			
小护帽		2 个	DC 马达		2 个
短轴		2 根	6V 电池夹		1 块
马达固定模块		2 块	小轮子		2 个

③ 动手搭一搭（图 2-3）

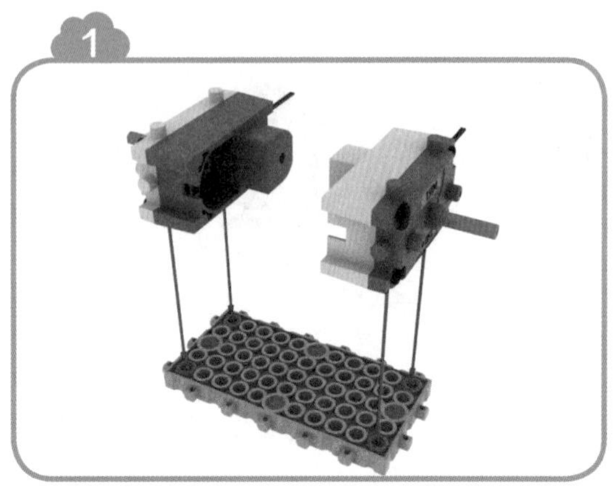

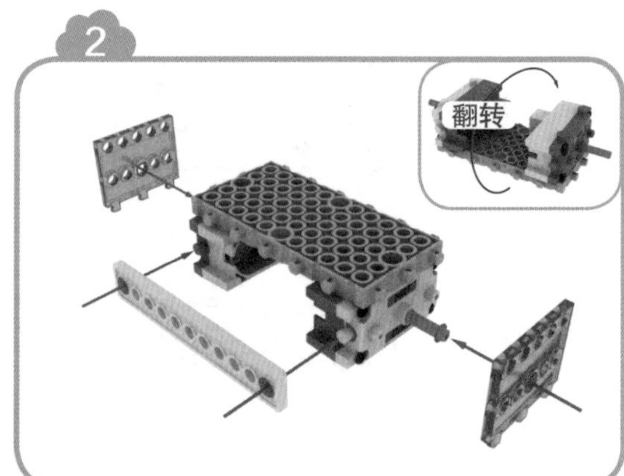

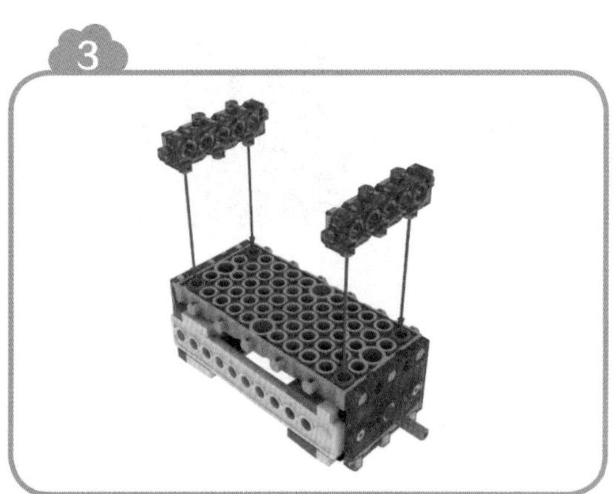

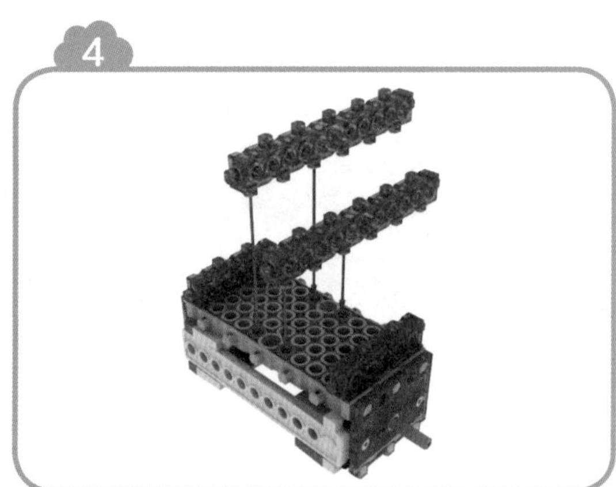

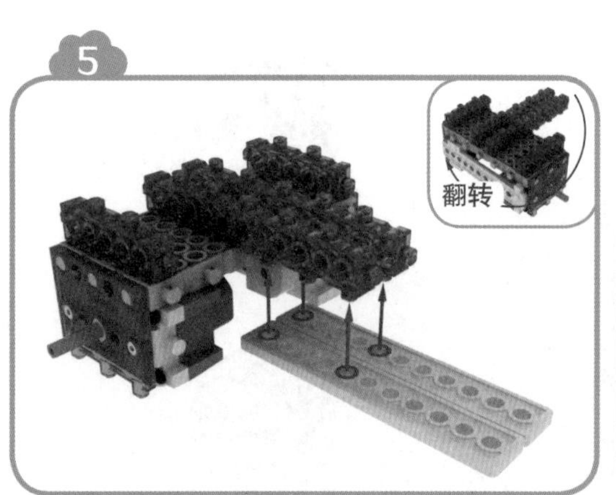

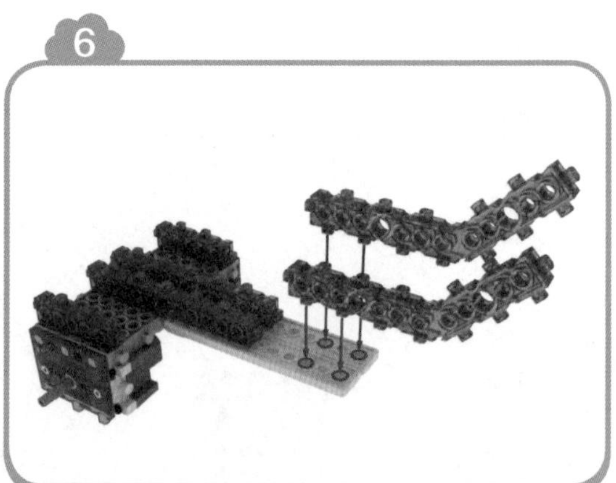

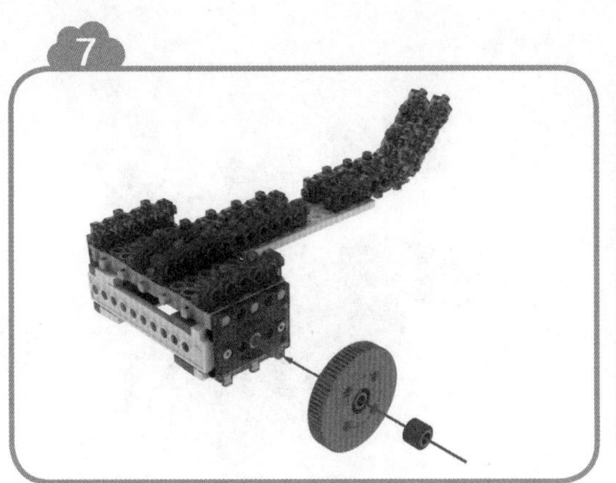
7

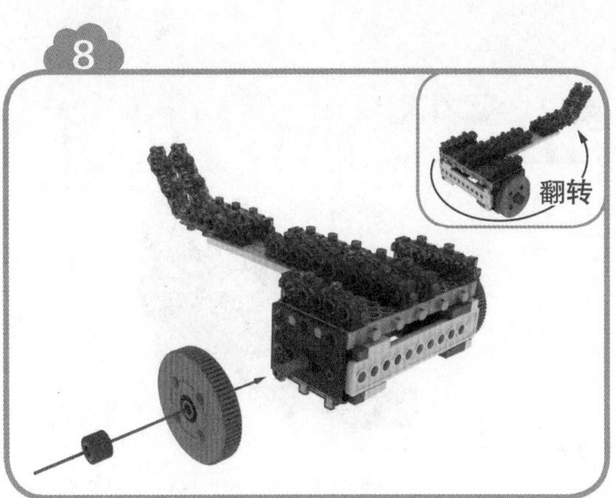
8
翻转

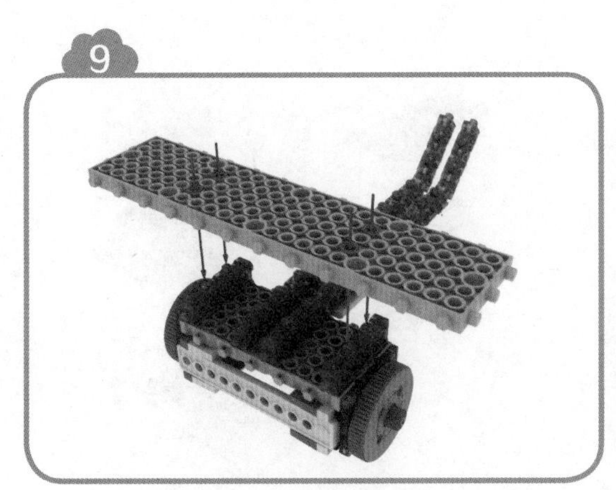
9

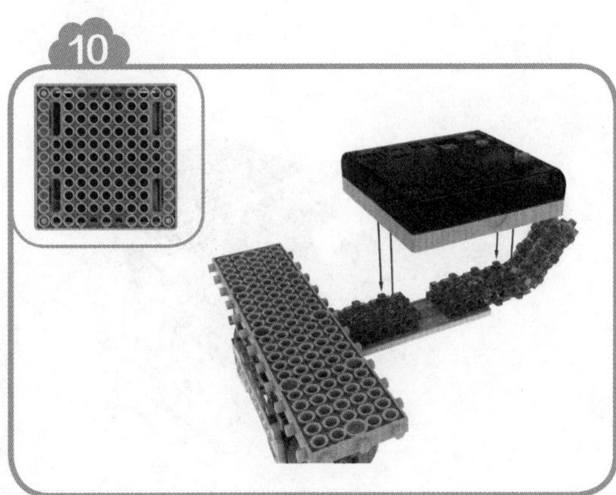
10

11
翻转

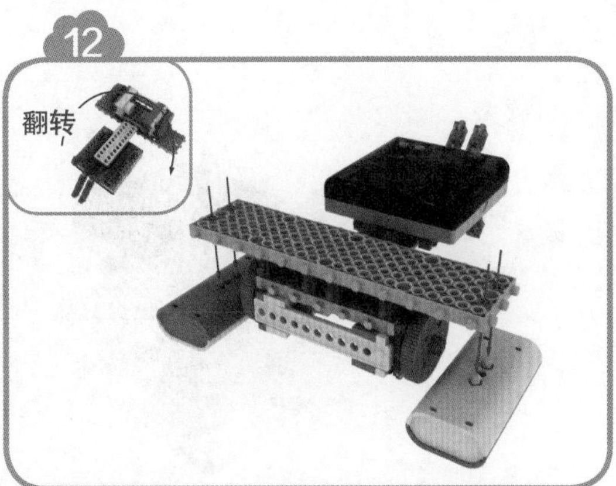
12
翻转

13

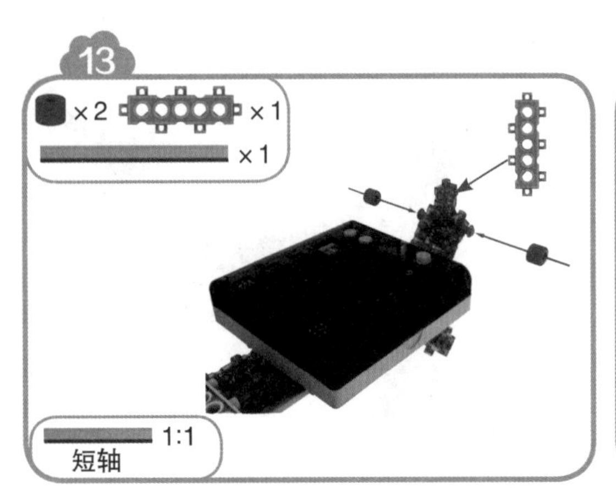

14

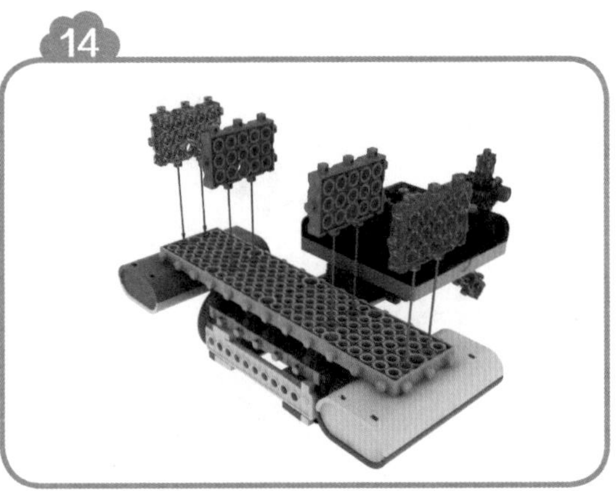

15

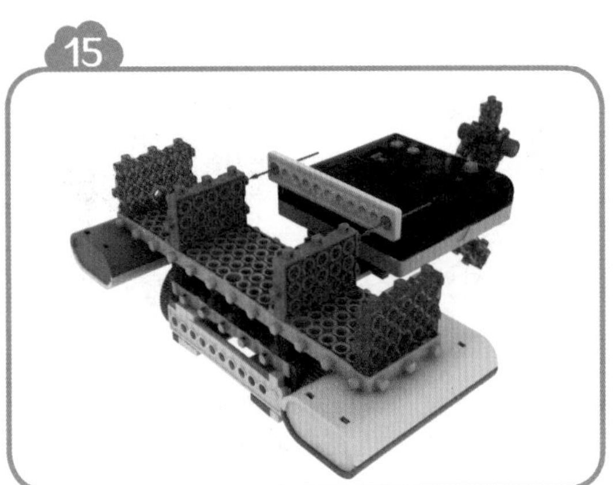

16

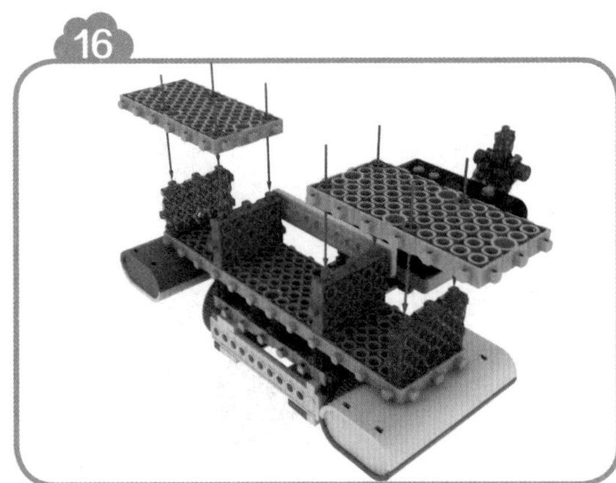

17

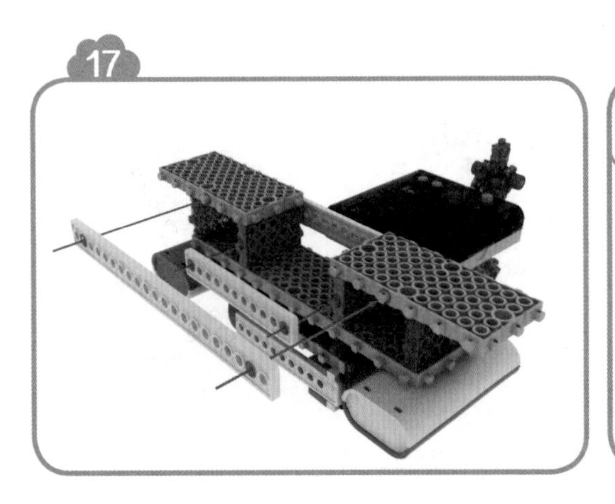

18

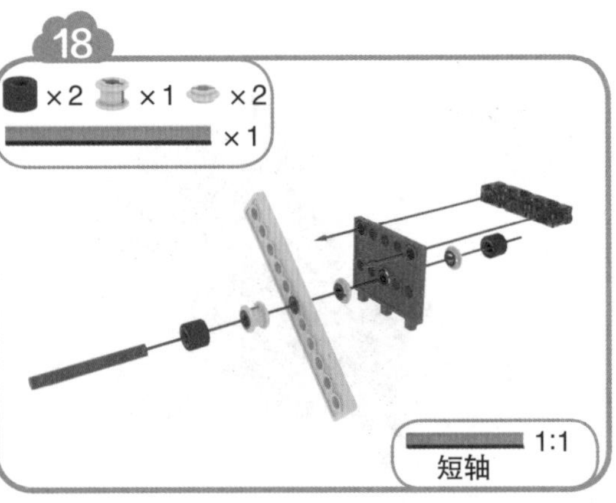

19

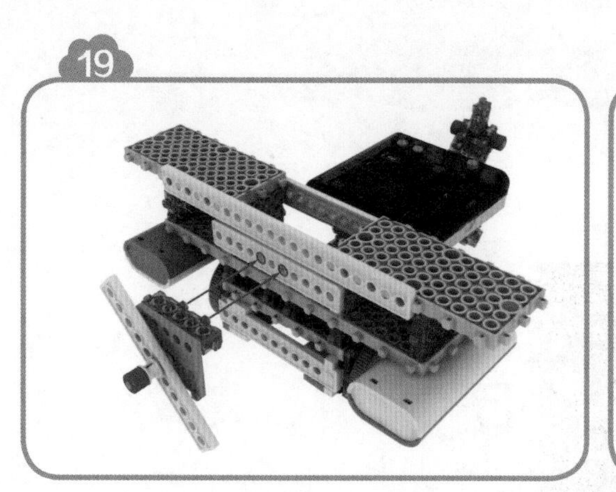

20

21

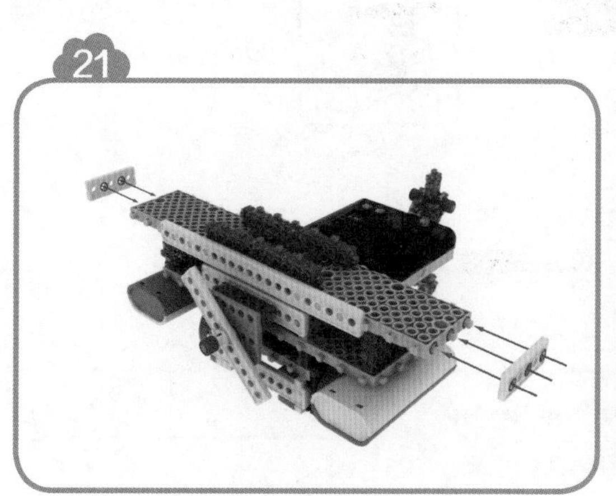

22

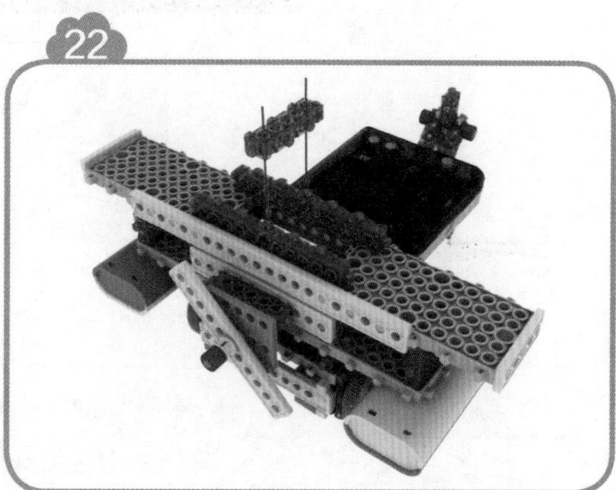

23

完成

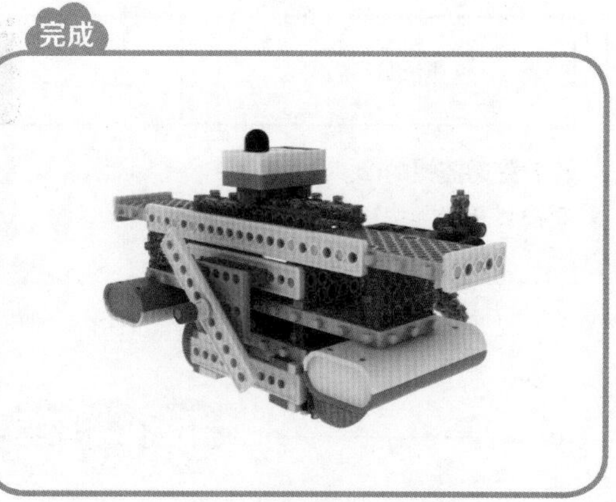

连接主板

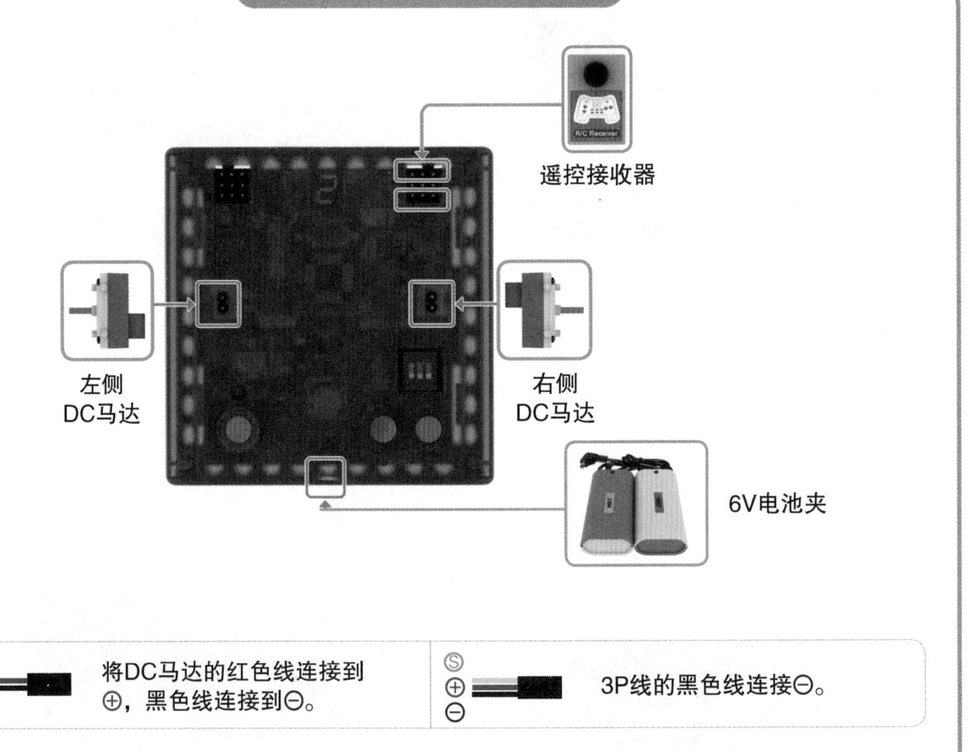

模式设置

①确认6V电池夹、DC马达及遥控接收器是否连接正确。

②打开电源开关。

③按MODE设置按钮，将模式设置成下列图示。

MODE #2		遥控器模式

④设置遥控器的ID。

⑤按“开始”按钮，启动水上飞机。

图 2-3　拼装步骤及操作方法

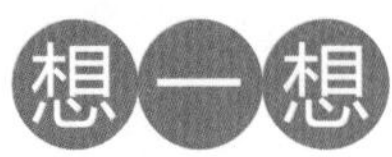
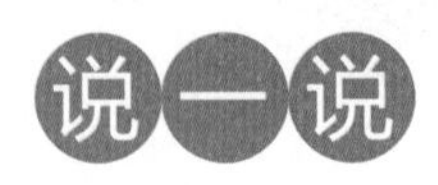

（1）水上飞机有哪些主要优点和缺点呢？

（2）水上飞机一般用来做什么呢？

（3）我国的水上飞机首飞是哪一年呢？

搭一搭 试一试

和小朋友们一起玩有趣的刺破气球游戏（图 2-4）。

在水上飞机尾翼系上一只气球，前面螺旋桨头贴上一个图钉。两人一组，小朋友分别操控各自的水上飞机，看谁先把对方的水上飞机上的气球扎破。

注意：本游戏必须在老师或者大人陪同下才能进行。

图 2-4　竞技 / 游戏

结束整理

（1）请将作品拍照、保存。

（2）请将 6V 电池夹关闭并拆下。

（3）请将电子元器件拆下。

（4）请将模型拆除。

（5）请将所有配件放回原位。

（6）对照配件清单清点配件。

第 3 单元 阿凡达直升机

学习目标

◎ 了解什么是阿凡达直升机，以及它与直升机的区别。

◎ 能够搭建阿凡达直升机模型。

◎ 能够正确认识科幻世界，启发创新意识。

大开眼界

① 什么是阿凡达直升机

在电影《阿凡达》里，人类为攻打纳美人的家园树，运用了各种先进的飞行器作战，飞行器的炫目外形和强大的攻击火力，让观众看了之后大呼过瘾。在这些飞行器中有一款造型特殊的直升机，它没有传统直升机的旋翼，取而代之的是机翼和两个倾转涵道螺旋桨，它可以像直升机一样垂直起降，但比传统直升机飞得更快。

阿凡达直升机具有2组旋翼，分别位于机身两侧。每组旋翼含2个螺旋桨，上下各1个，平行排列，同组的2个螺旋桨是反向旋转的。发动机只有一个，通过传动轴把动力传送到螺旋桨上。

② 现实版的“阿凡达直升机”

波音V–22鱼鹰式倾转旋翼机（图3–1）是由美国贝尔公司和波音公司联合设计制造的一款倾转旋翼机，倾转旋翼机具备直升机的垂直升降能力，但又具有固定翼螺旋桨飞机较高速、航程较远及油耗较低的优点，时速高达500千米，是世界上最快的直升机。

图3–1　波音V–22鱼鹰式倾转旋翼机

动手实现

① 本单元创意拼装目标：阿凡达直升机（图 3-2）。

图 3-2　阿凡达直升机模型

② 准备材料

按照表 3-1 所示的配件清单准备拼装材料，做好搭建准备。

表 3-1　配件清单

品名	图示	数量	品名	图示	数量
模块 15		4 块	三角模块		3 块
5 孔框架		4 块	模块 311		1 块
11 孔框架		4 块	模块 35		3 块
轴模块		2 块	模块 35		3 块

（续）

品名	图示	数量	品名	图示	数量
马达 固定模块		2 块	大护帽		2 个
连接护帽		2 个	中轴		3 根
模块 511		3 块	长轴		2 根
模块 111		2 块	齿轮模块		4 块
模块 135		2 块	小轮子		2 个
5 孔 连接框架		6 块	引导轮		2 个
模块 55		2 块	遥控接收器	R/C Receiver	1个
L 形模块		4 块			
A3 连接模块		4 块	主板		1个
A4 连接模块		4 块			
小护帽		2 个	DC 马达		2 个
小红帽		10 个			
圆形模块		2 块	6V 电池夹		1 块

③ 动手搭一搭（图 3–3）

1

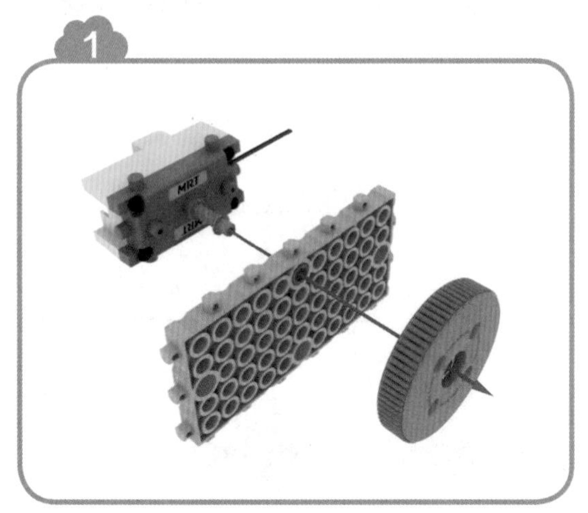

2

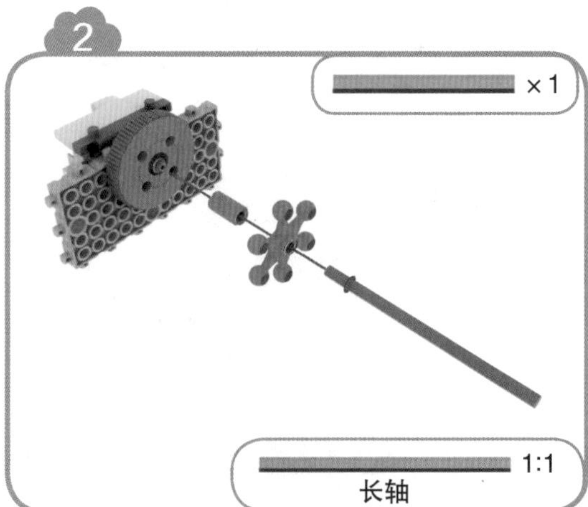

3

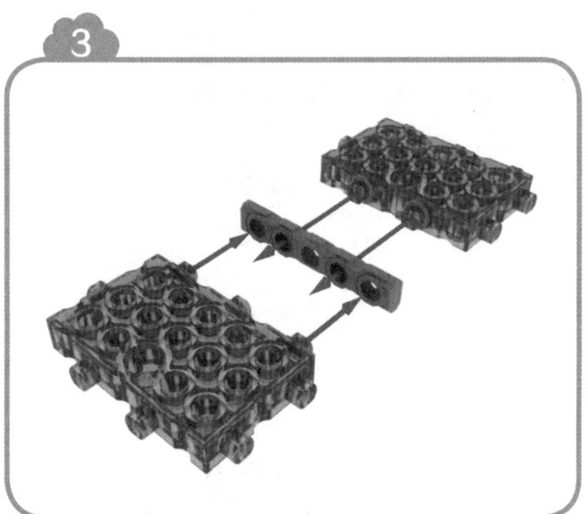

4

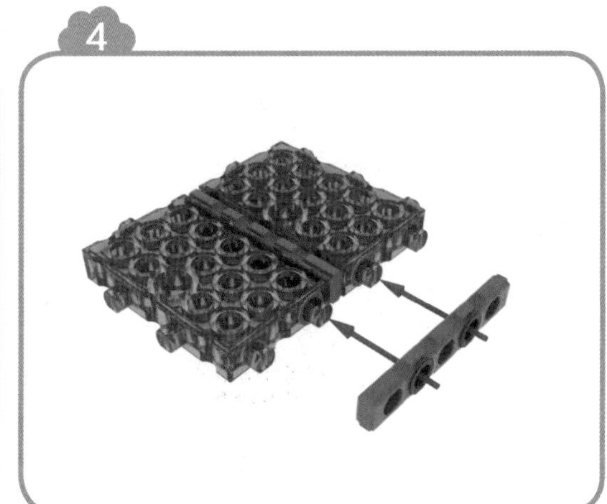

5

6

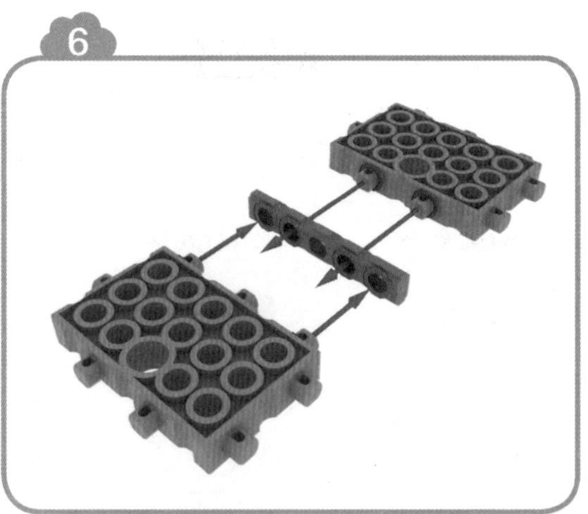

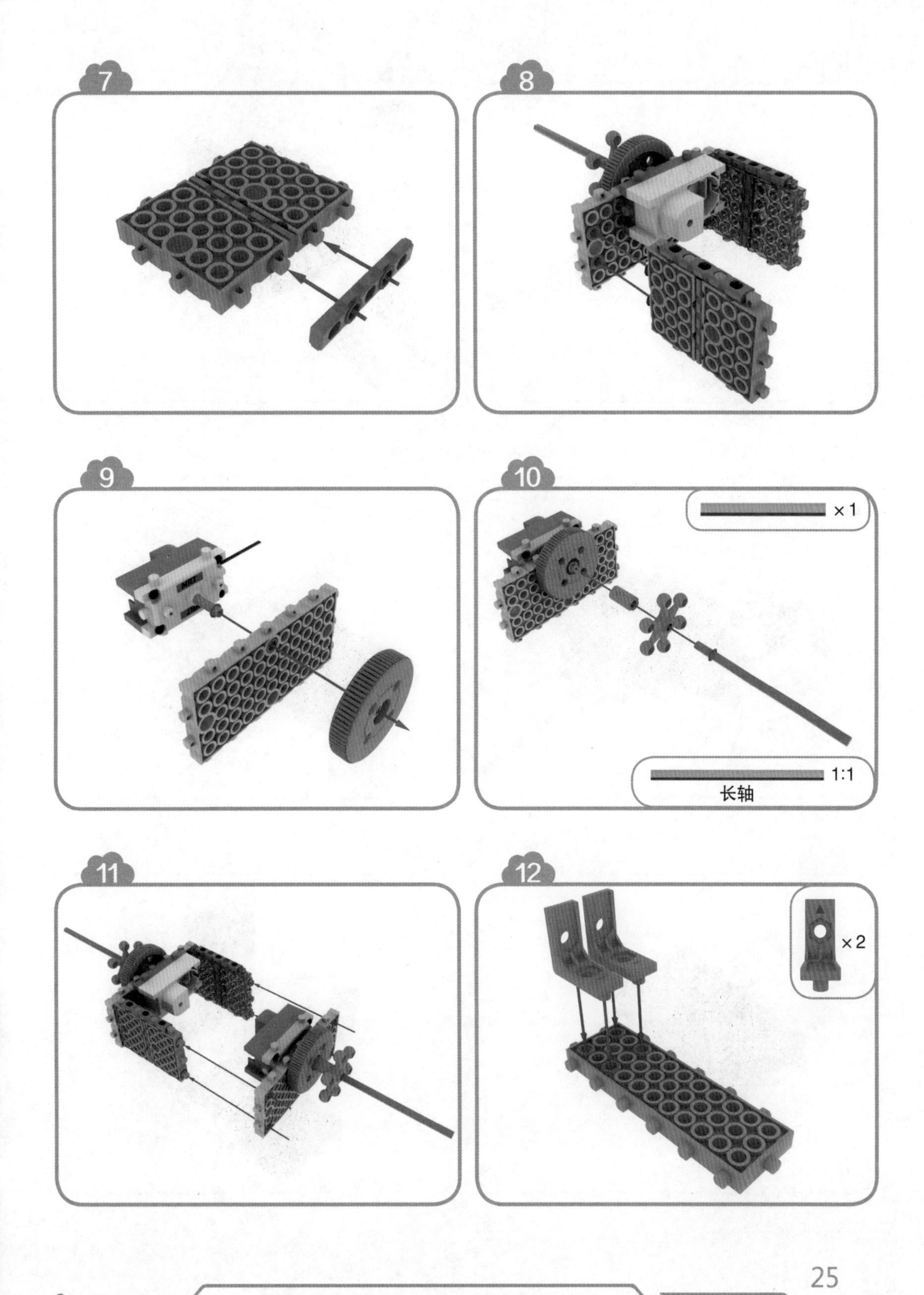
7
8
9
10
×1
1:1
长轴
11
12
×2

13

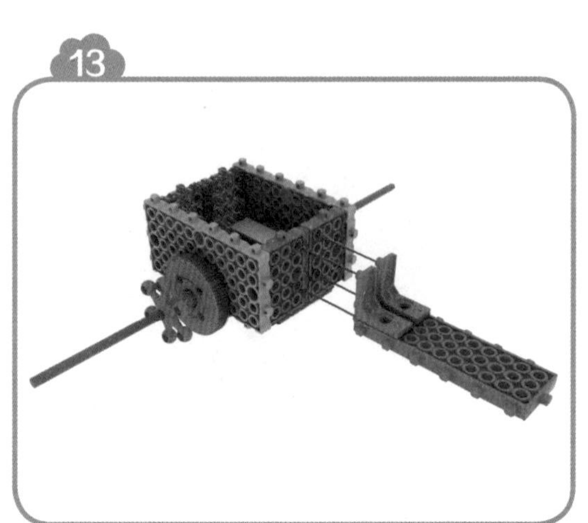

14

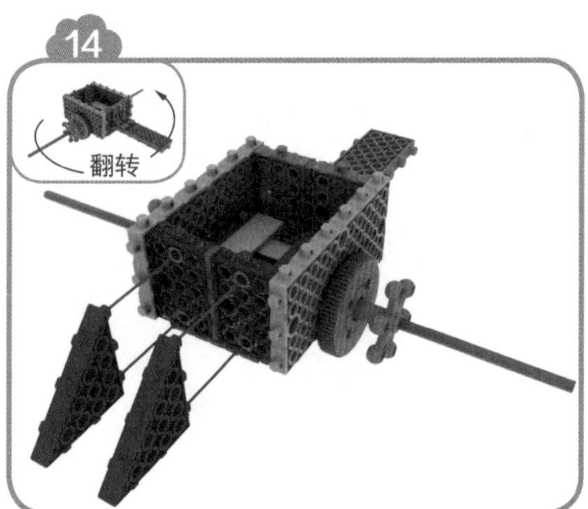

15

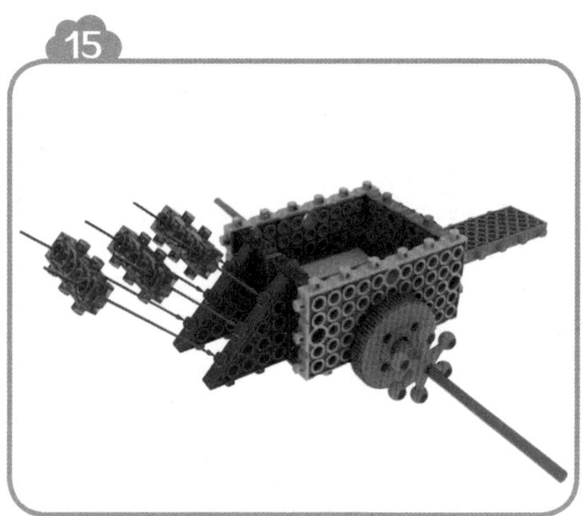

16

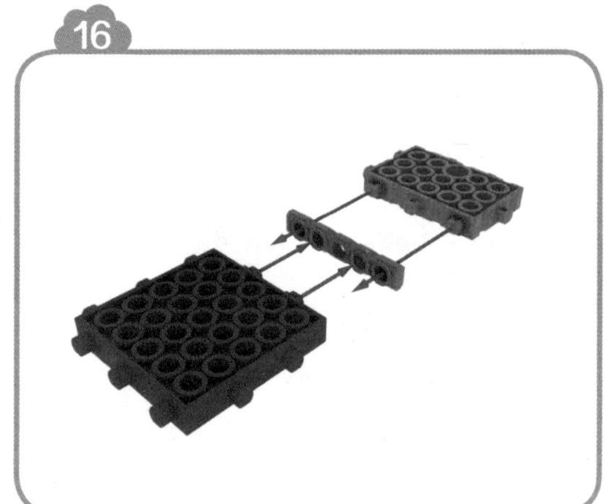

17

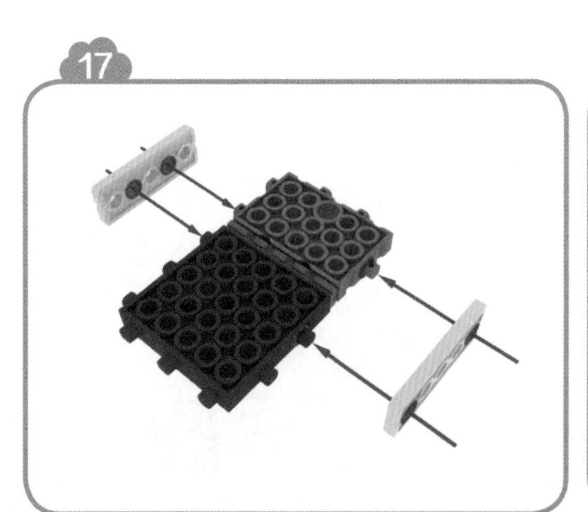

18

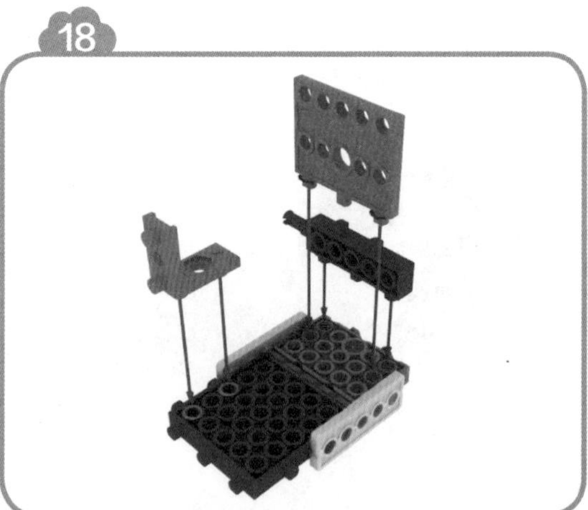

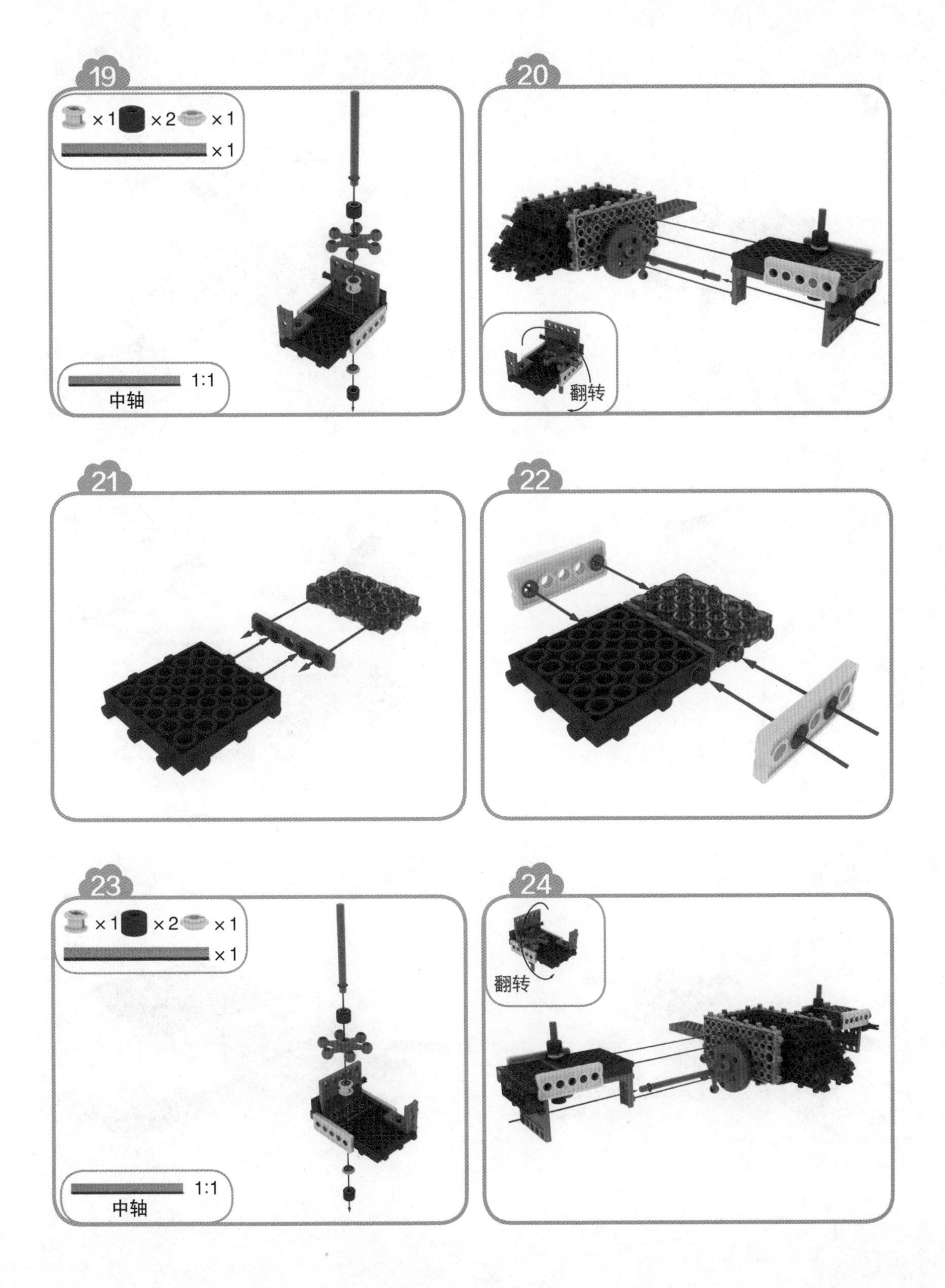
19
×1
×2
×1
×1
1:1
中轴
20
翻转
21
22
23
×1
×2
×1
×1
1:1
中轴
24
翻转

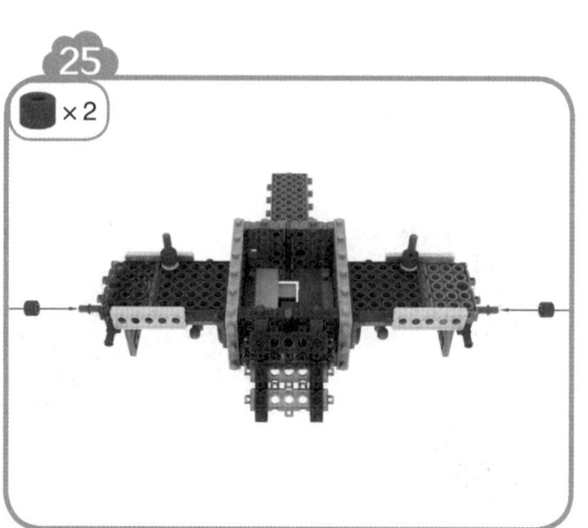
25
×2

26

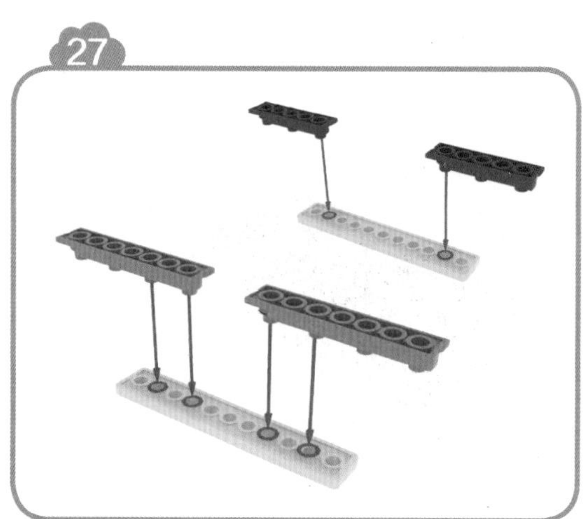
27

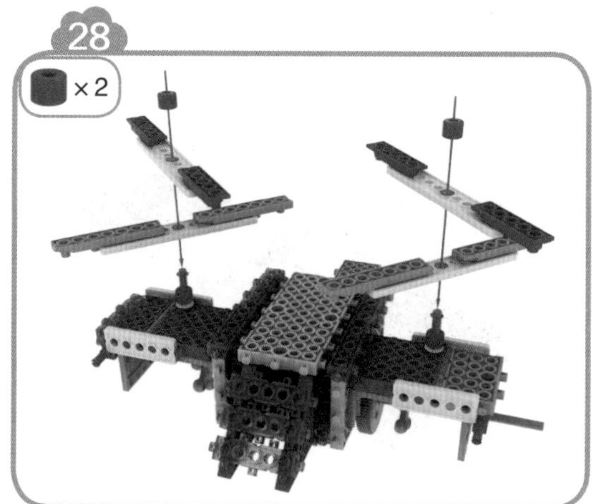
28
×2

29

30

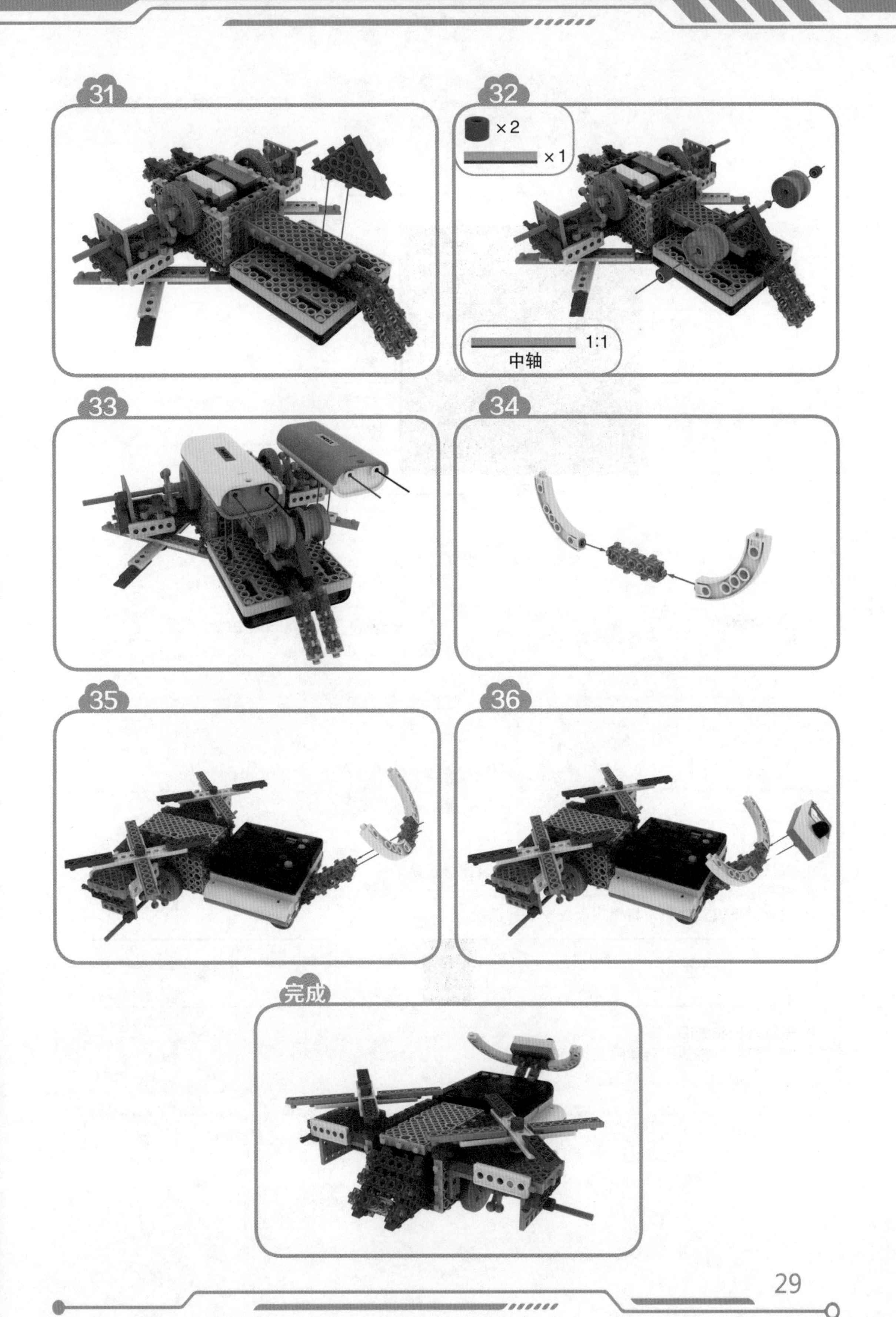
31
32
×2
×1
1:1
中轴
33
34
35
36
完成

连接主板

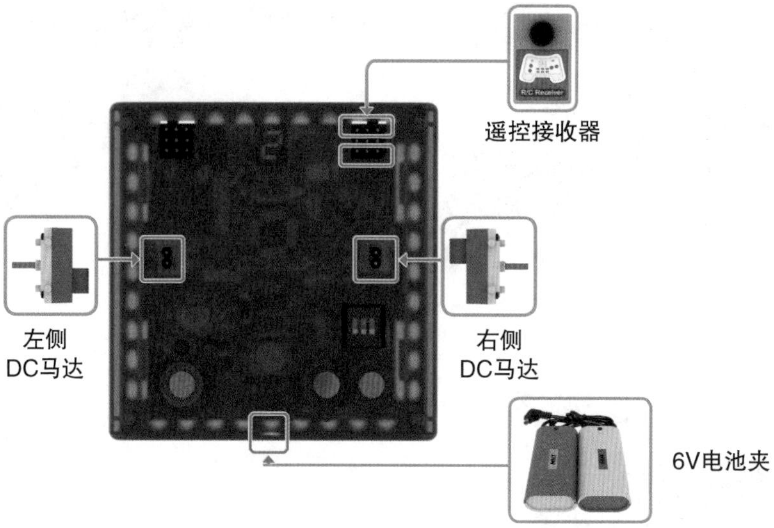

遥控接收器

左侧
DC马达

右侧
DC马达

6V电池夹

 ⊕ ⊖	将DC马达的红色线连接到⊕，黑色线连接到⊖。	 Ⓢ ⊕ ⊖	3P线的黑色线连接⊖。

模式设置

① 确认6V电池夹、DC马达及遥控接收器是否连接正确。
② 打开电源开关。
③ 按MODE设置按钮，将模式设置成下列图示。

MODE #2	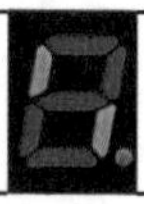 2.	遥控器模式

④ 设置遥控器的ID。
⑤ 按“开始”按钮，启动阿凡达直升机。

图 3-3　拼装步骤及操作方法

（1）阿凡达星球发生了什么事情需要使用阿凡达直升机？
（2）阿凡达直升机在现实世界中能够飞起来吗？
（3）现实生活中还有其他类似阿凡达直升机的飞机吗？

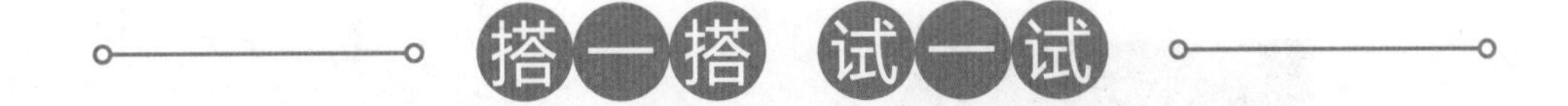

（1）使用遥控器操作，使我们的阿凡达直升机（图 3–4）动起来吧。

※ 用遥控器前、后、左、右遥控时，两侧的螺旋桨也会跟着一起旋转。

图 3–4　竞技 / 游戏

（2）和同学一起拼装，尝试让螺旋桨也转起来。

（1）请将作品拍照、保存。
（2）请将 6V 电池夹关闭并拆下。
（3）请将电子元器件拆下。
（4）请将模型拆除。
（5）请将所有配件放回原位。
（6）对照配件清单清点配件。

第4单元 对抗机器人

学习目标

◎ 认识对抗机器人的由来和对抗规则。

◎ 能够搭建对抗机器人模型。

◎ 通过对抗机器人小游戏启发创意。

大开眼界

在游乐园里，我们驾驶碰碰车（图 4-1）争取以最快的速度在场内完成绕圈，途中可以横冲直撞，主要目的是把别人所驾驶的碰碰车碰开，能快速前行。在这个过程中，碰碰车之间的冲、撞、擦、碰等，令人防不胜防，刺激无比。碰碰车成为深受大众喜爱的游乐场设备。

图 4-1　碰碰车

随着智能技术突飞猛进的发展，人们已经把碰碰车的概念应用到机器人上，实现了类似的玩法，如机器人对抗赛；同时还扩展出其他玩法，如机器人足球赛等一些有趣又充满智慧与挑战的玩法。目前，对抗机器人比赛（图 4-2）是深受青少年喜爱的一个竞技比赛项目。比赛中，只要让对方的机器人离开限定的比赛场地或者让对方的机器人失去移动的能力就算胜利。

图 4-2　对抗机器人比赛

动手实现

①本单元创意拼装目标：对抗机器人（图 4-3）。

图 4-3　对抗机器人模型

②准备材料

按照表 4-1 所示的配件清单准备拼装材料，做好搭建准备。

表 4-1　配件清单

品名	图示	数量	品名	图示	数量
小红帽		2 个	11 孔连接框架		2 块
A4 连接模块		2 块	模块 35		6 块
11 孔框架		2 块	模块 311		2 块
21 孔框架		1 块	模块 321		2 块
5 孔连接框架		4 块	模块 111		6 块

（续）

品名	图示	数量	品名	图示	数量
L 形模块		4 块	连接护帽		2 个
模块 135		6 块	三角模块		2 块
齿轮模块		2 块	小轮子	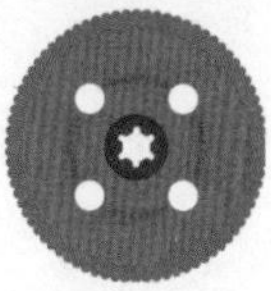	2 个
中轴		2 根	遥控接收器		1个
模块 511	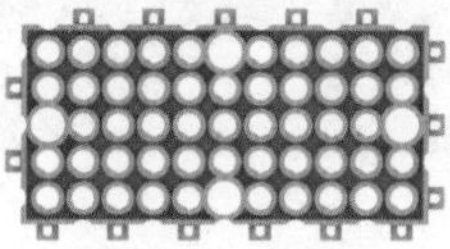	2 块	主板		1个
模块 523	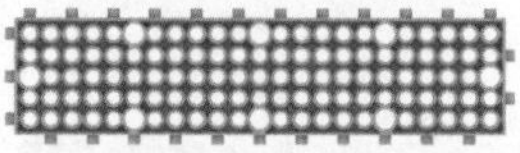	1 块	DC 马达		2 个
模块 1117	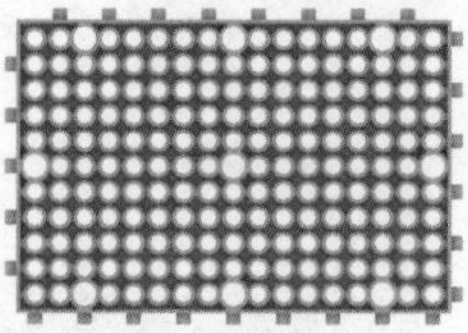	1 块			
模块 121		1 块	6V 电池夹		1 块

③ 动手搭一搭（图 4–4）

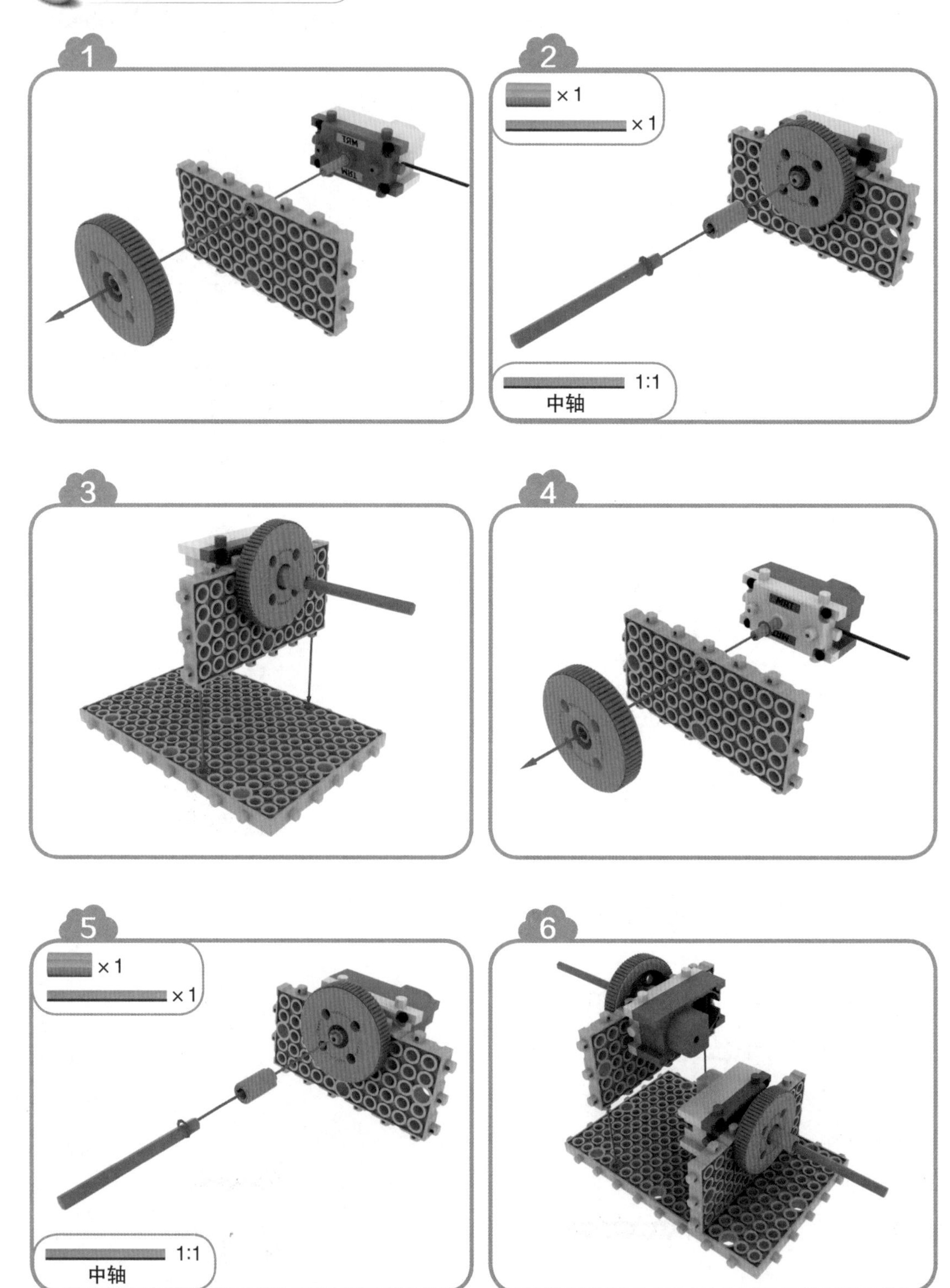

7

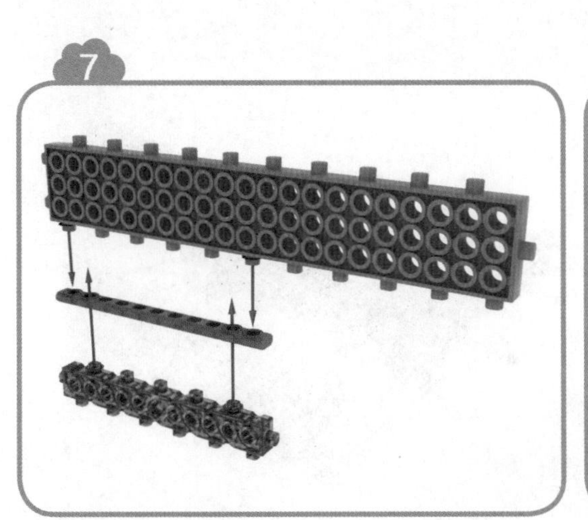

8

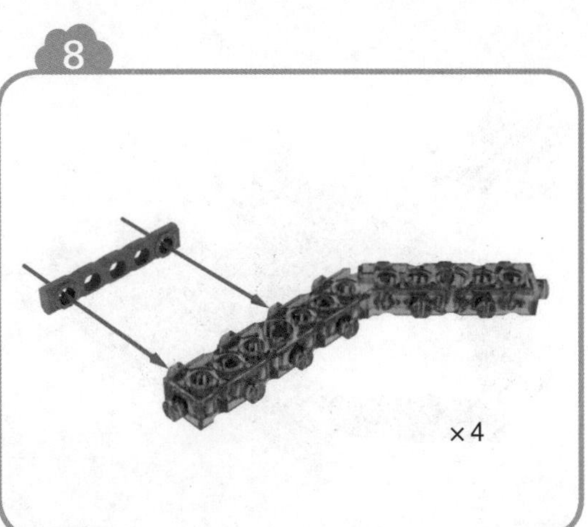

9

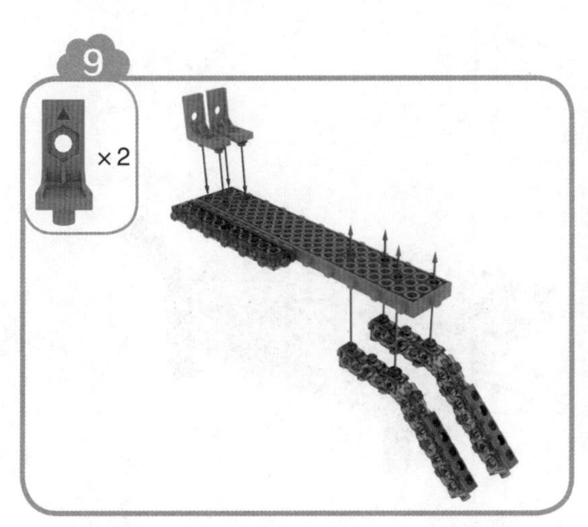

10

11

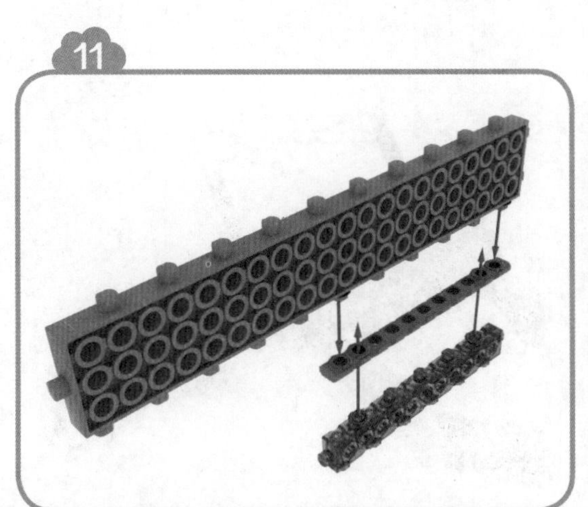

12

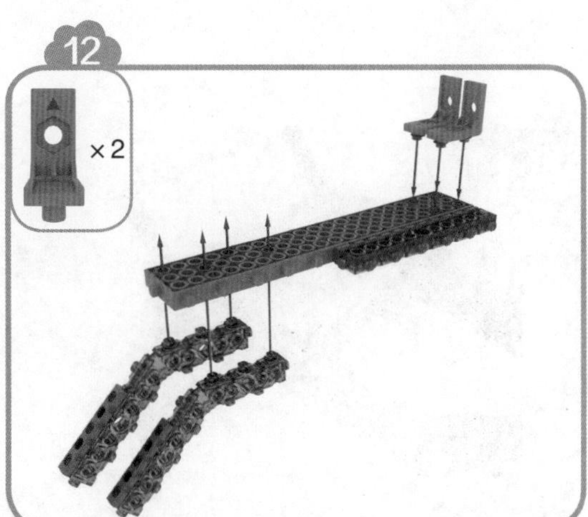

13

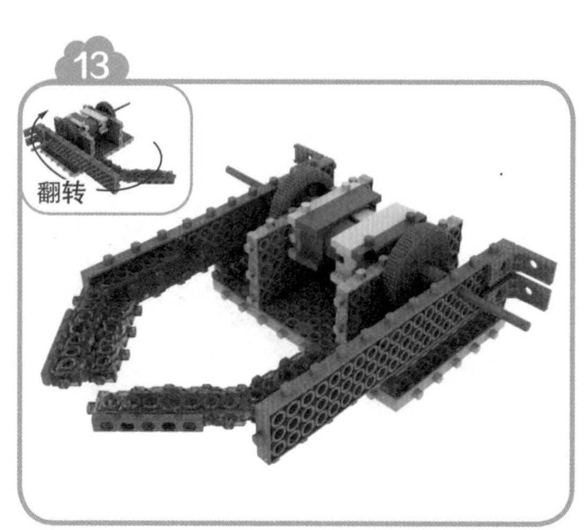

14

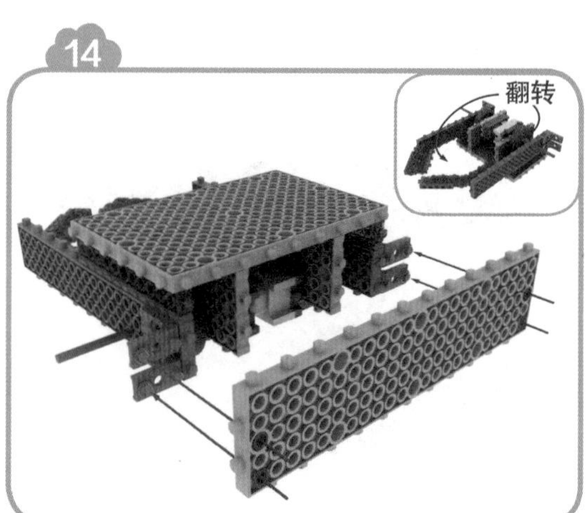

15

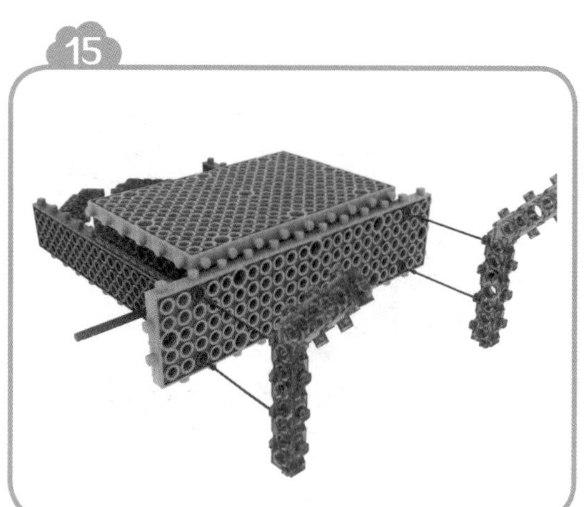

16

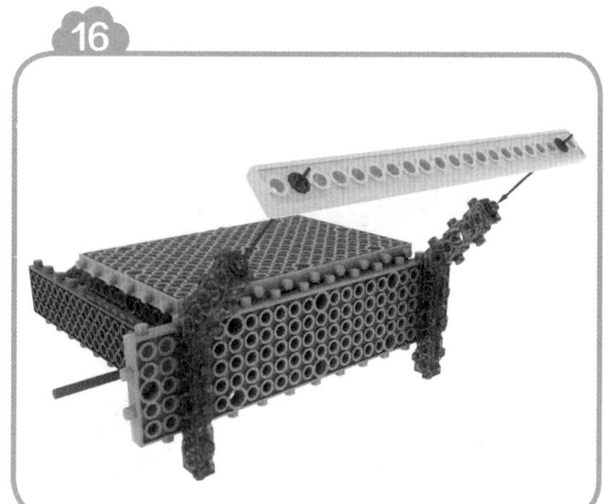

17

18

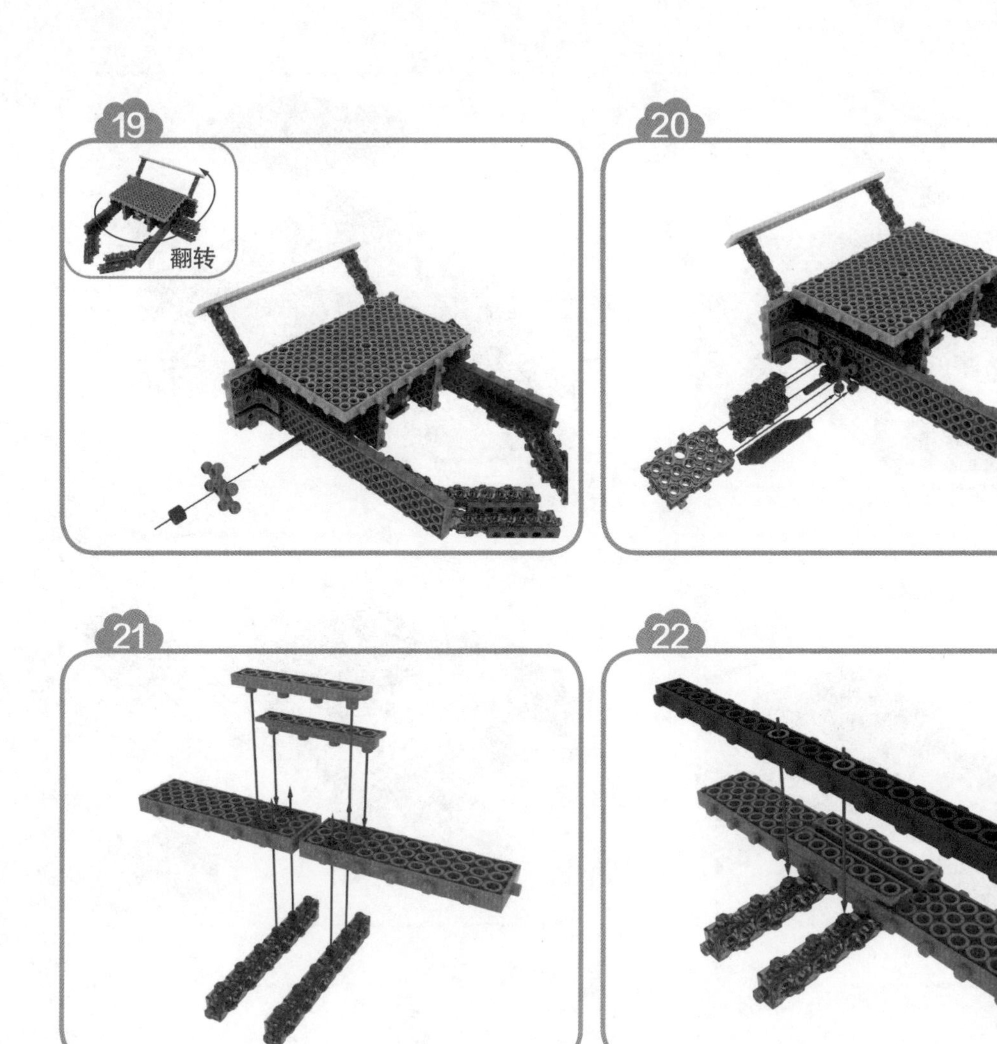
19
翻转
20
21
22

23

24
翻转

25

26

27

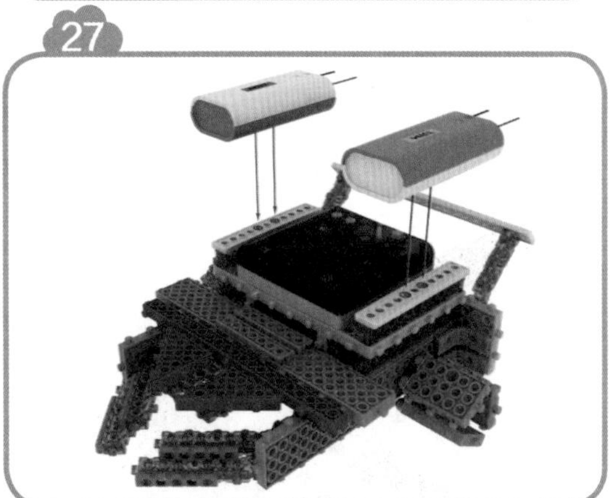

完成

连接主板

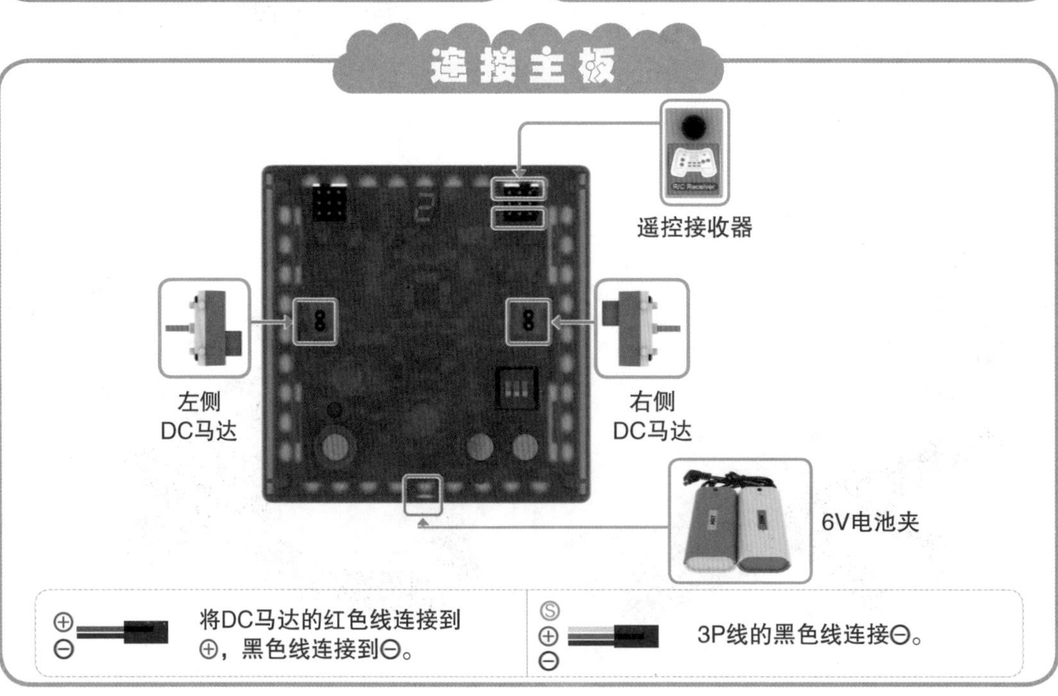

⊕ ⊖ 将DC马达的红色线连接到⊕，黑色线连接到⊖。

Ⓢ ⊕ ⊖ 3P线的黑色线连接⊖。

模式设置

① 确认电池夹、DC马达及遥控接收器是否连接正确。
② 打开电源开关。
③ 按MODE设置按钮，将模式设置成下列图示。

MODE #2		遥控器模式

④ 设置遥控器的ID。
⑤ 按“开始”按钮，启动对抗机器人。

图 4-4　拼装步骤及操作方法

（1）如何让你的机器人把对方的机器人推出场地?
（2）怎样防守才能避免你的机器人被推出场地?

（1）和其他同学的机器人来举行一场对抗赛（图 4-5）吧。

※ 和小朋友们一起玩有趣的竞赛机器人吧。

图 4-5　竞技 / 游戏

（2）你能仿照碰碰车的形状，改造你的对抗机器人吗?

结束整理

（1）请将作品拍照、保存。

（2）请将 6V 电池夹关闭并拆下。

（3）请将电子元器件拆下。

（4）请将模型拆除。

（5）请将所有配件放回原位。

（6）对照配件清单清点配件。

第5单元  

◎ 了解赛车的类型和特点。

◎ 能够搭建赛车模型，并能够通过探究的方式改良赛车模型。

◎ 掌握主板上遥控器模式的使用。

大开眼界

赛车运动是使用汽车进行速度竞赛的运动。赛车运动可以分为两大类，分别是场地赛车（图 5-1）和非场地赛车（图 5-2）。

图 5-1　场地赛车

图 5-2　非场地赛车

① 场地赛车

场地赛车就是指赛车在规定的封闭场地中进行比赛，又可分为漂移赛、方程式赛、轿车赛、运动汽车赛等。

② 非场地赛车

非场地赛车运动的比赛场地基本上是不封闭的，主要分为拉力赛、越野赛及登山赛、沙滩赛、泥地赛等。

动手实现

① 本单元创意拼装目标：赛车（图 5-3）。

图 5-3　赛车模型

② 准备材料

按照表 5-1 所示的配件清单准备拼装材料，做好搭建准备。

表 5-1　配件清单

品名	图示	数量	品名	图示	数量
模块 15		2 块	模块 311		2 块
5 孔框架		5 块	模块 321		2 块
21 孔框架		2 块	马达固定模块		2 块
轴模块		4 块			
三角模块		2 块	小护帽		2 个

（续）

品名	图示	数量	品名	图示	数量
模块 111		6 块	小轮子		2 个
模块 135		4 块	红色轮子		2 个
橡皮框架		1 块	遥控接收器		1 个
模块 55		1 块	主板		1 个
模块 511		1 块	DC 马达		2 个
模块 1117		1 块	6V 电池夹		1 块
模块 121		2 块			

3 动手搭一搭（图 5-4）

1

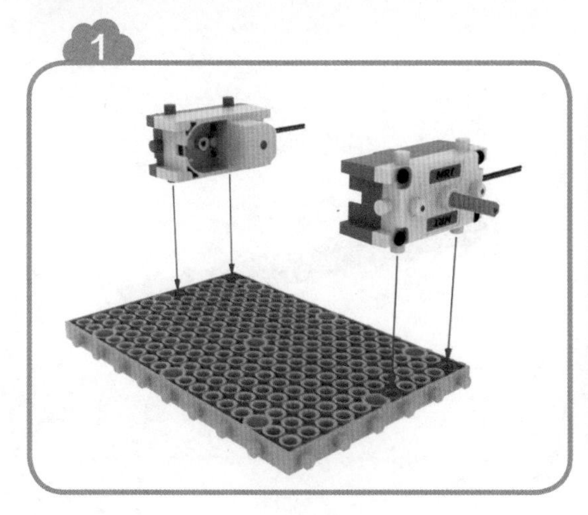

2

3

4

5

6

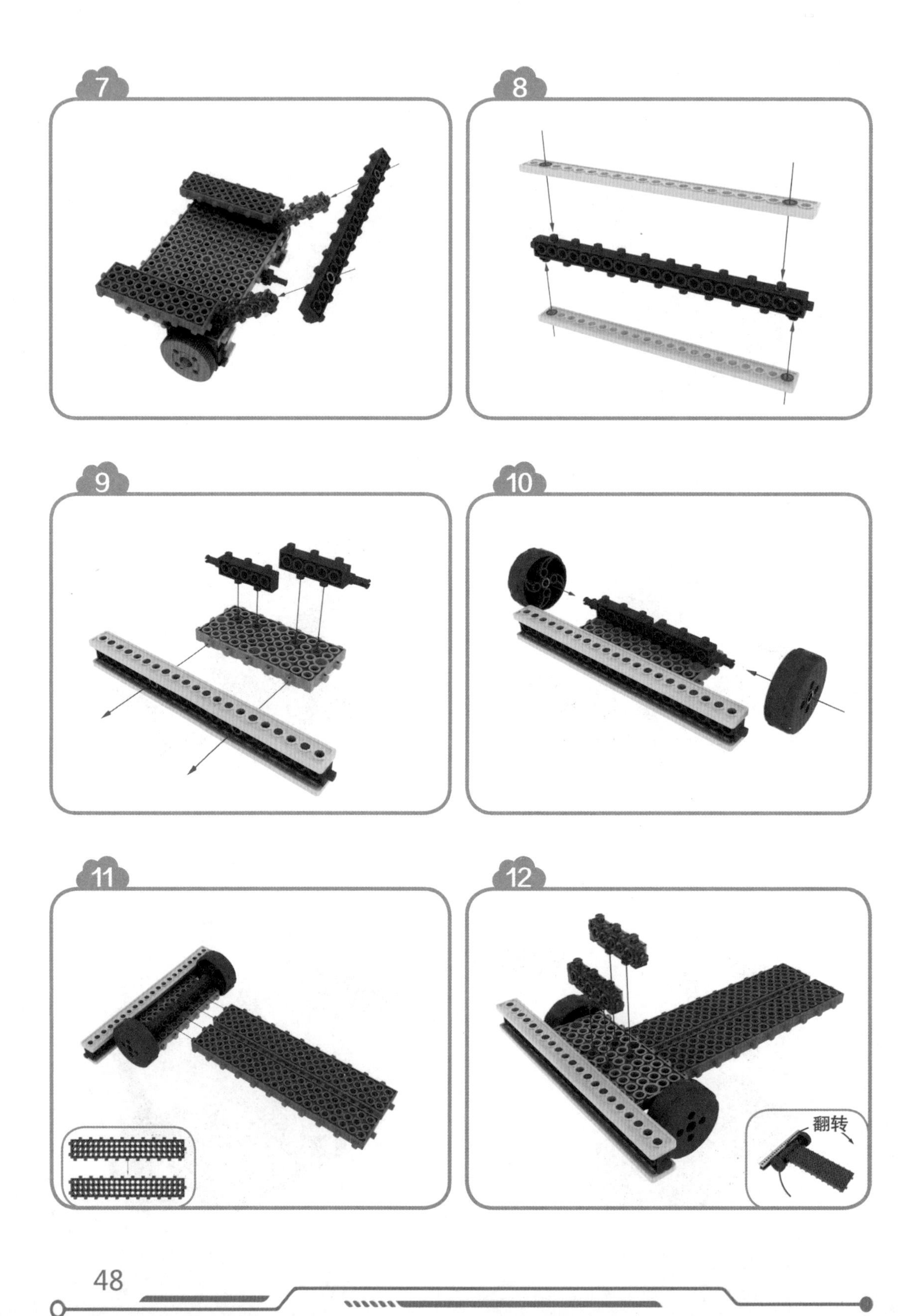
7
8
9
10
11
12
翻转

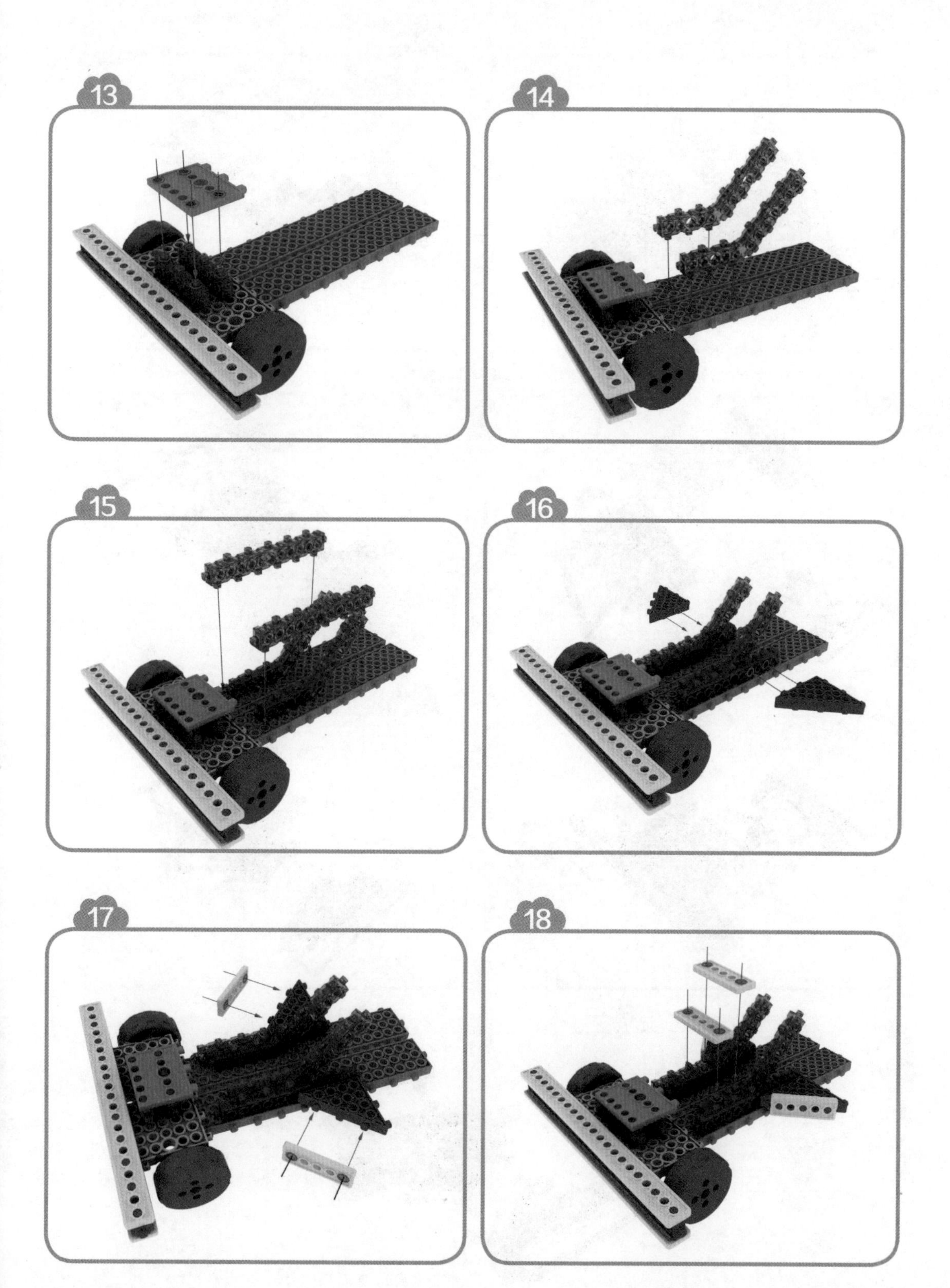
13
14
15
16
17
18

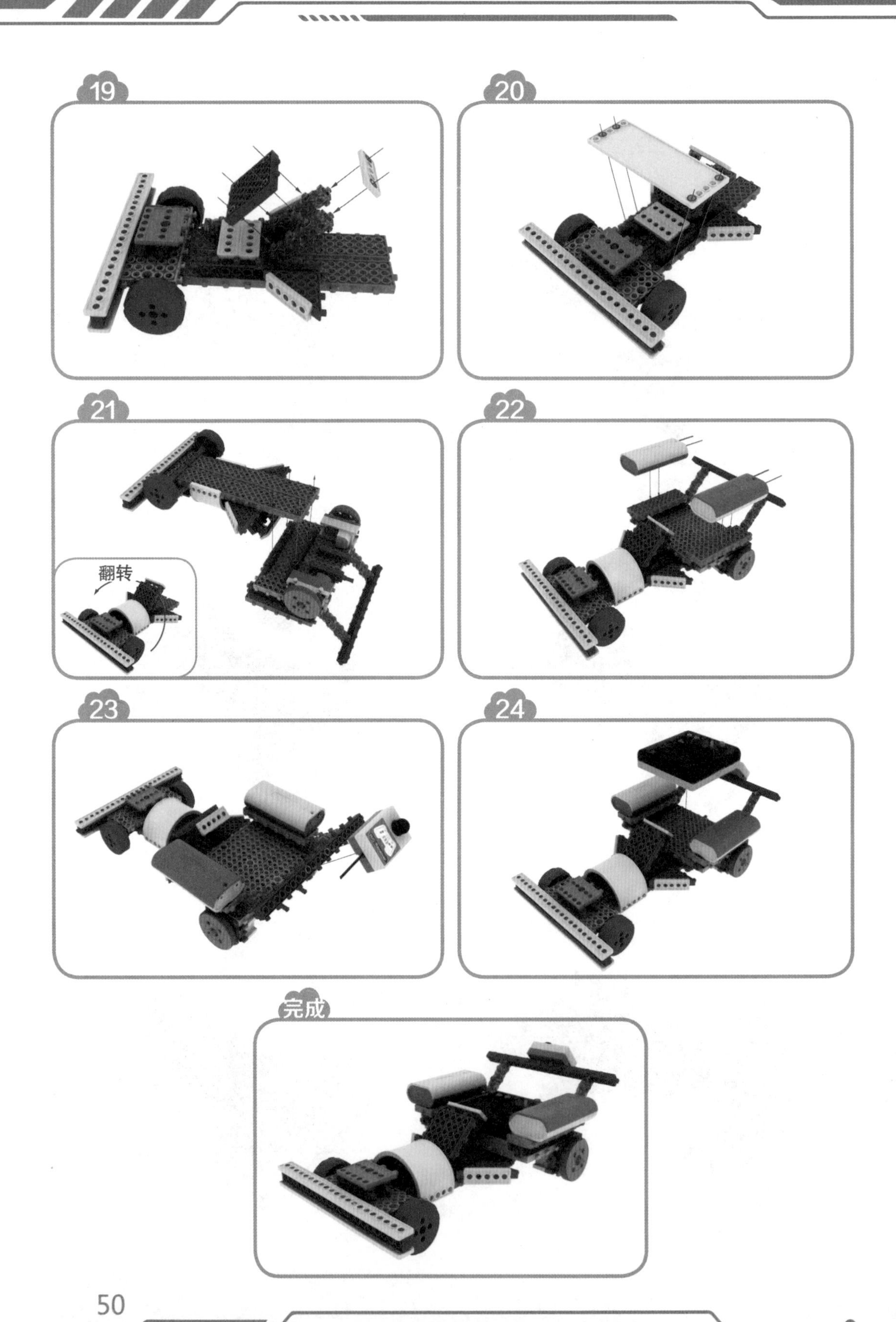
19
20
21
翻转
22
23
24
完成

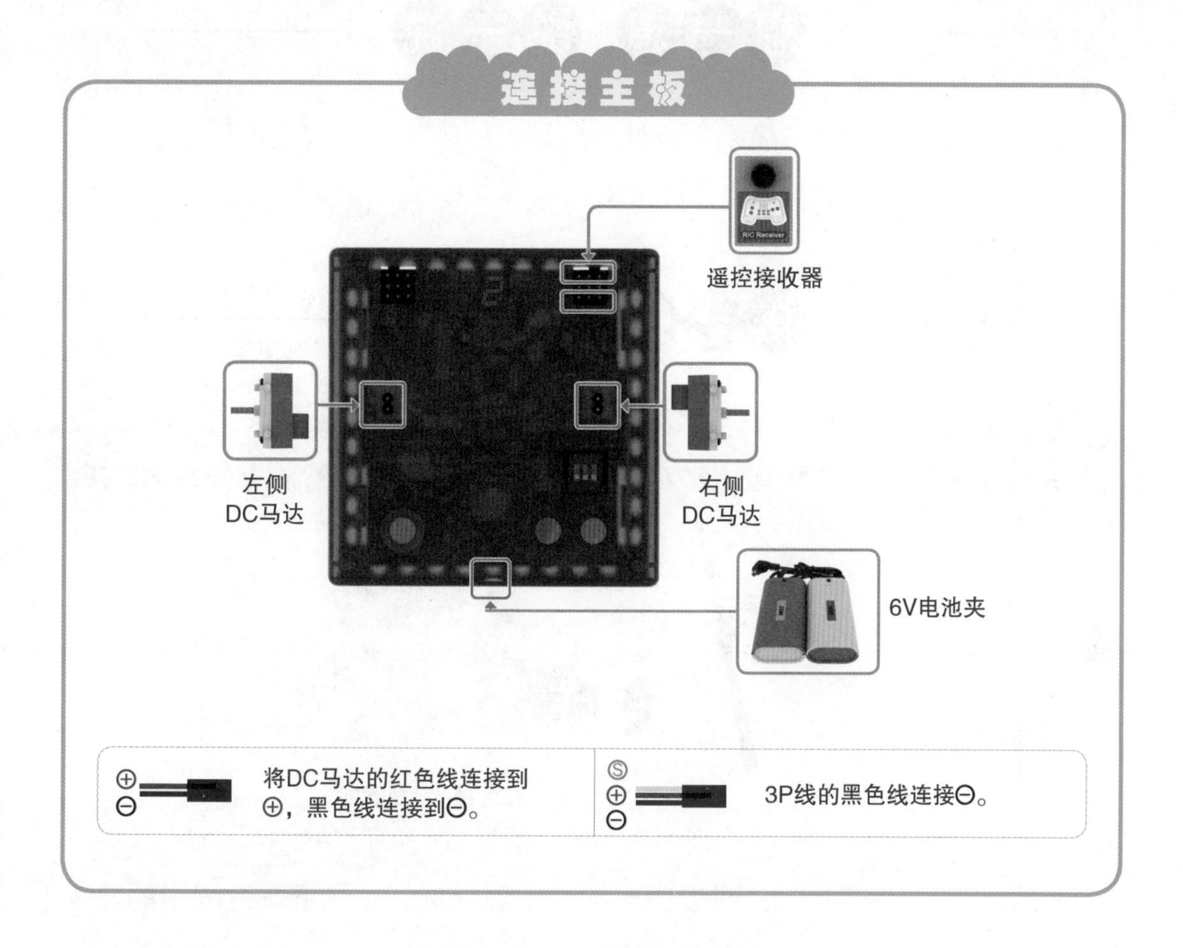

模式设置

① 确认电池夹、DC马达及遥控接收器是否连接正确。
② 打开电源开关。
③ 按MODE设置按钮，将模式设置成下列图示。

MODE #2	2.	遥控器模式

④ 设置遥控器的ID。
⑤ 按“开始”按钮，启动赛车。

图 5–4　拼装步骤及操作方法

想一想 说一说

（1）拼装完成的赛车模型底盘低，尾翼高，为什么要这么设计呢？

（2）根据你的理解，本赛车模型适合场地赛还是非场地赛？

搭一搭 试一试

（1）赛车小游戏（图 5–5）。

用你拼装的赛车和其他小朋友拼装的赛车进行一场竞赛，看谁先到达终点。

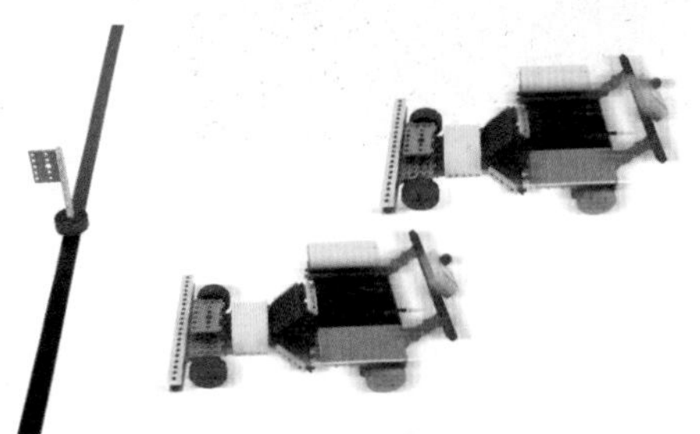

※ 和小朋友们一起玩有趣的比赛吧。

图 5–5　竞技 / 游戏

（2）试一试将赛车的底盘变高，或者尾翼降低，记录赛车过程中的速度等方面的变化。

（3）利用“工具包”配件，是否能搭建出可用来检测赛车有没有通过终点的设施呢？

结束整理

（1）请将作品拍照、保存。

（2）请将 6V 电池夹关闭并拆下。

（3）请将电子元器件拆下。

（4）请将模型拆除。

（5）请将所有配件放回原位。

（6）对照配件清单清点配件。

第6单元  

陀 螺

学习目标

◎ 了解什么是陀螺，以及陀螺的特点。

◎ 了解陀螺在生活和科技上的应用。

◎ 能够搭建陀螺模型。

◎ 理解并使用主板的触碰模式。

大开眼界

陀螺指的是绕一个支点高速转动的物体。陀螺是中国民间最早的娱乐工具之一，闽南语称“干乐”，北方也叫“冰尜”或“打老牛”。陀螺的种类很多，比如木陀螺（图 6-1）、铁陀螺、纸陀螺等。玩法也很多样，有超控牵引和创意布阵等。

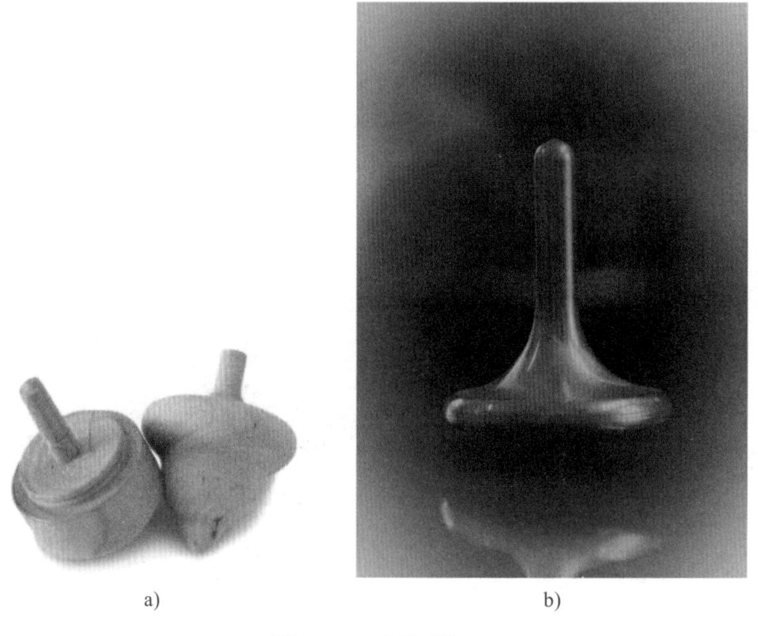

a)　　b)

图 6-1　木陀螺

陀螺也不单单是作为玩具这么简单，科学家根据陀螺的力学特性研发出一种科学仪器——陀螺仪，它被广泛运用于科研、军事技术等领域中。

陀螺仪可以作为自动控制系统中的一个敏感元件即信号传感器进行使用。在航空航天领域中，陀螺仪能提供准确的方位、水平、位置、速度和加速度等信号，以便驾驶员用自动导航仪来控制飞机、舰艇或航天飞机等按照一定的航线飞行。在生产生活中，陀螺仪能够为地面设施、矿山隧道、地下铁路、石油钻探以及导弹发射井等提供准确的方位。

做一做

① 本单元创意拼装目标：陀螺（图 6-2）。

图 6-2 陀螺模型

② 准备材料

按照表 6-1 所示的配件清单准备拼装材料，做好搭建准备。

表 6-1 配件清单

品名	图示	数量	品名	图示	数量
小红帽		5 个	小齿轮		2 个
11 孔框架		2 块	齿轮模块		1 块
21 孔框架		1 块	模块 55		2 块
模块 15		4 块	中齿轮		1 个

（续）

品名	图示	数量	品名	图示	数量
大齿轮		2 个	模块 523		2 块
大护帽		1 个	小护帽		3 个
中轴		3 根	中轮子		1 个
长轴		1 根	喇叭传感器	Speakers	1 个
5 孔连接框架		1 块	触碰传感器	Touch Sensor	1 个
11 孔连接框架		2 块	主板		1 个
模块 135		1 块	DC 马达		1 个
模块 111		2 块	6V 电池夹		1 块
模块 511		1 块			

③ 动手搭一搭图 6-3

（1）搭建陀螺的承接台。

1

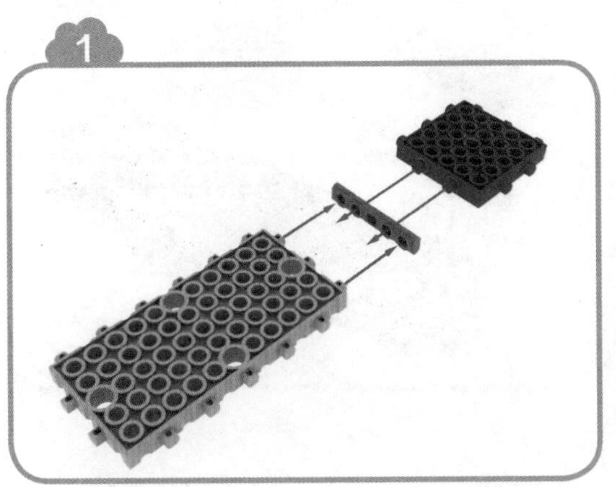

2

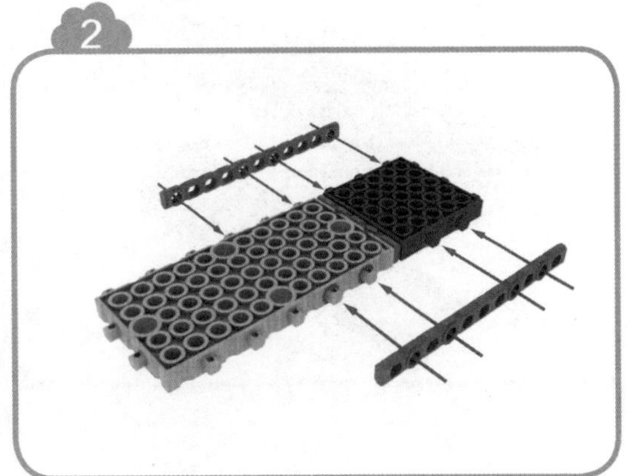

3

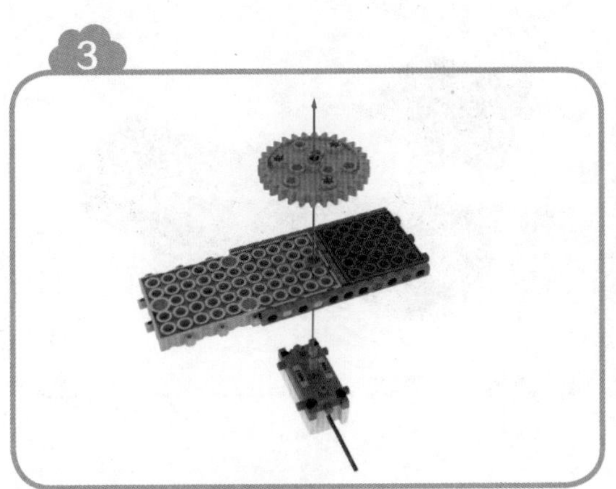

4

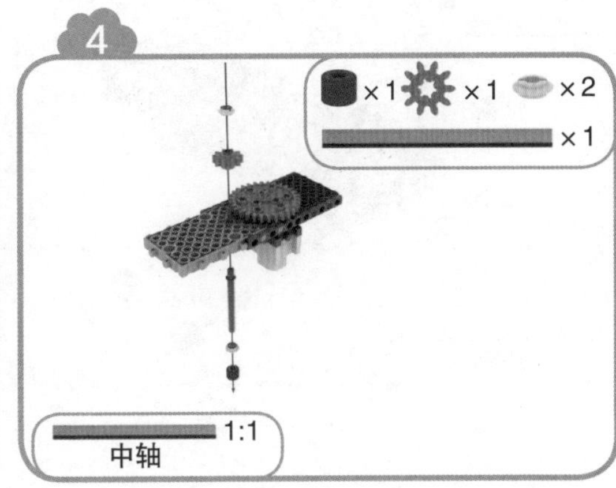

5

6

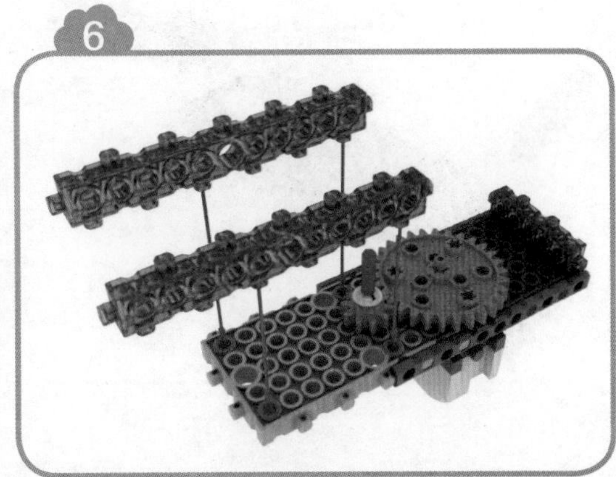

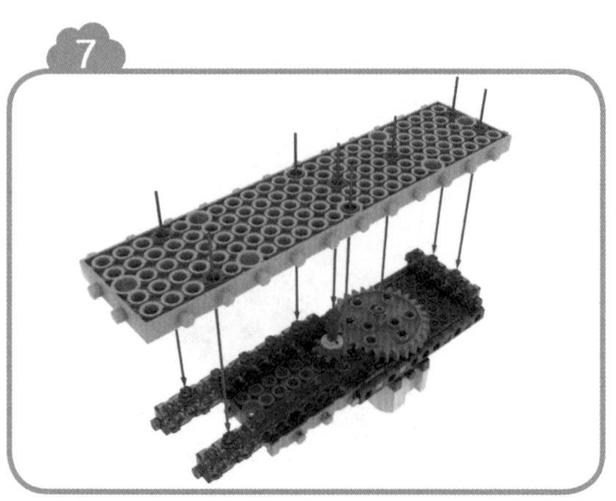
7

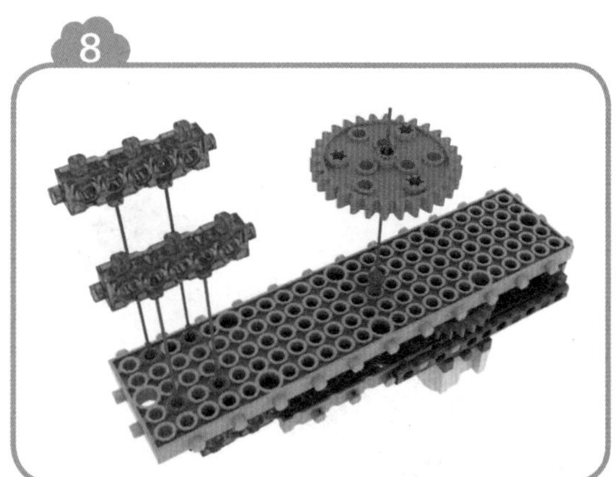
8

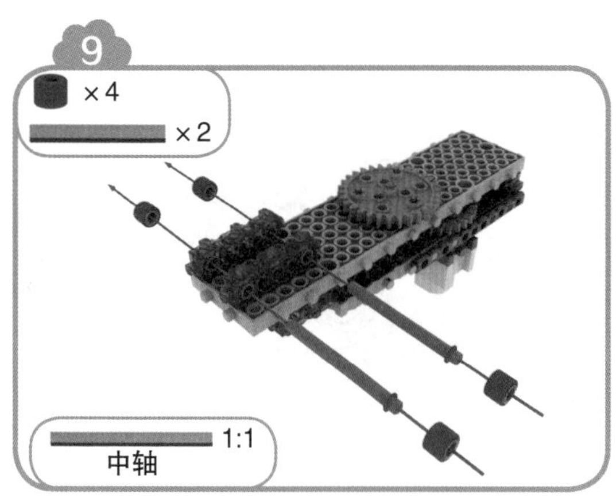
9
×4
×2
1:1
中轴

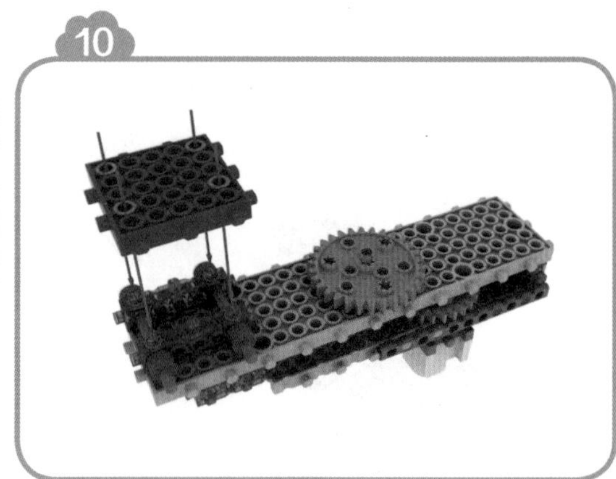
10

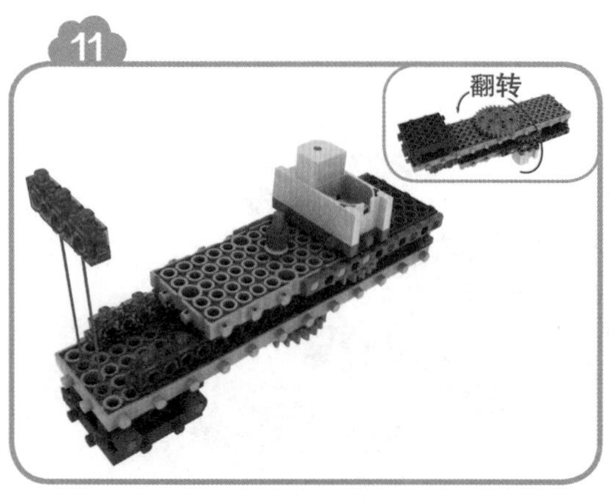
11
翻转

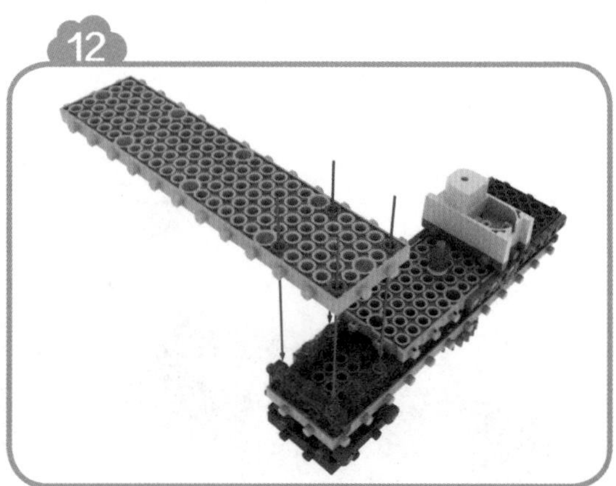
12

13

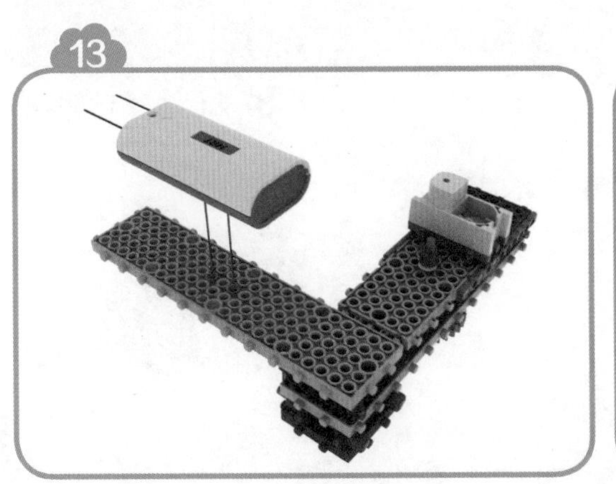

14

15

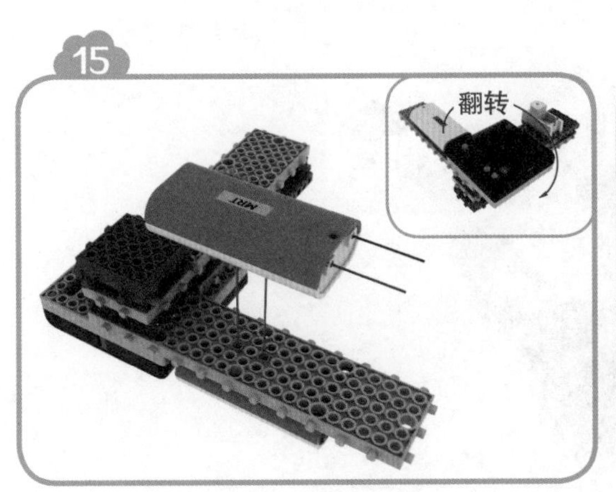

16

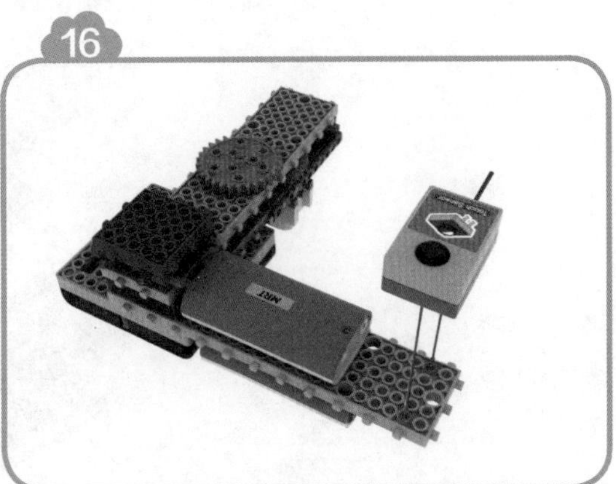

17

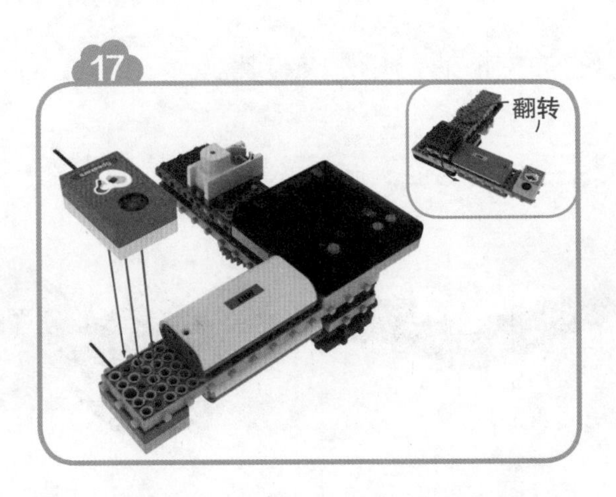

（2）搭建陀螺模型，并与承接台连接。

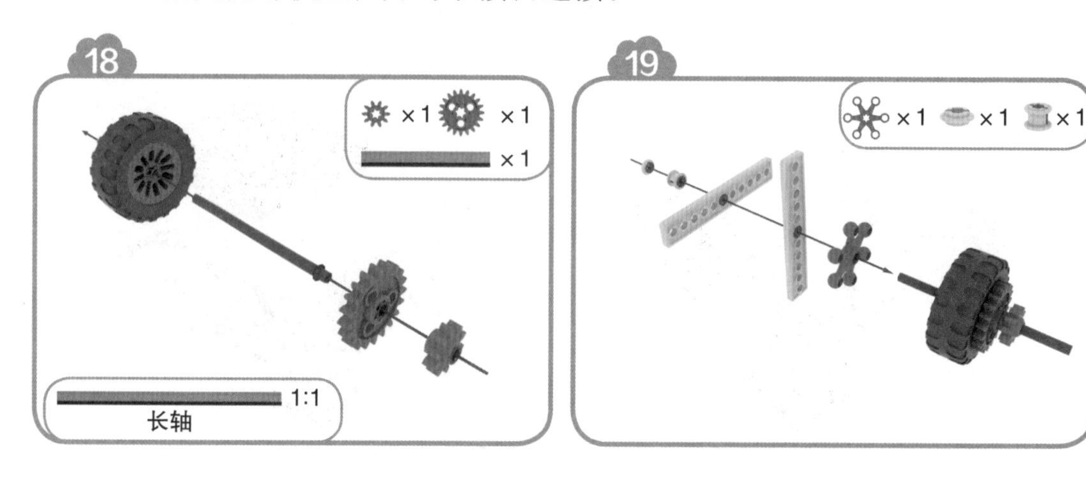

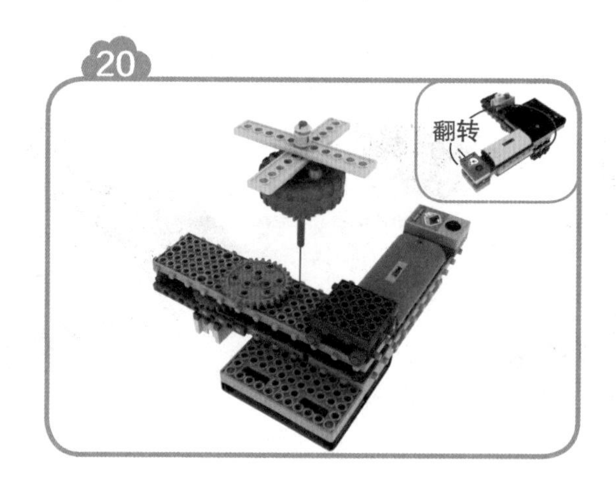

（3）搭建陀螺的抽拉把柄，并完成组装。

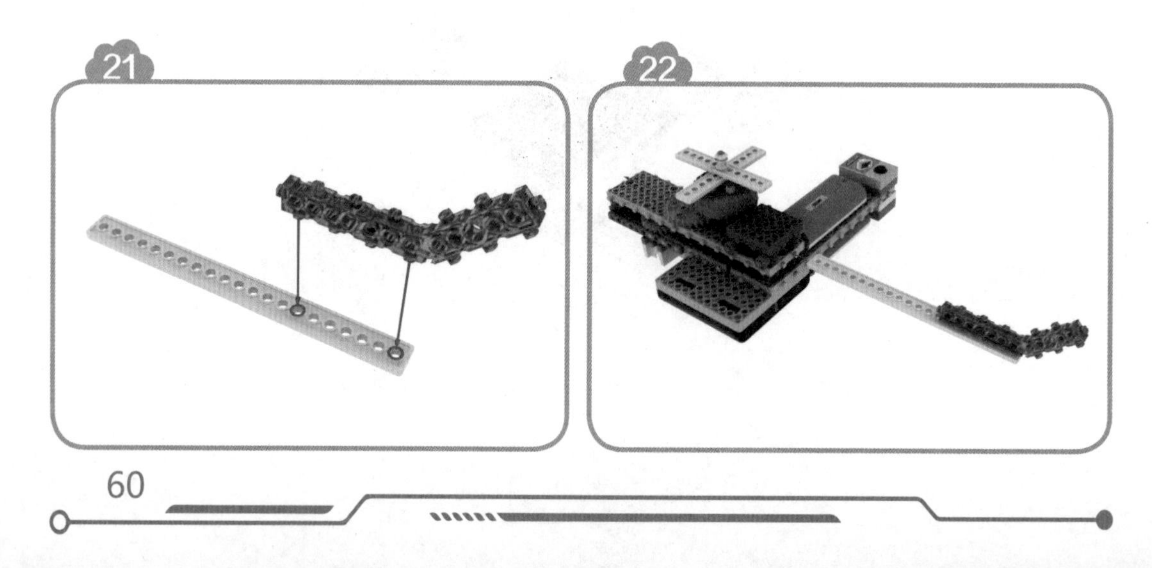

23

完成

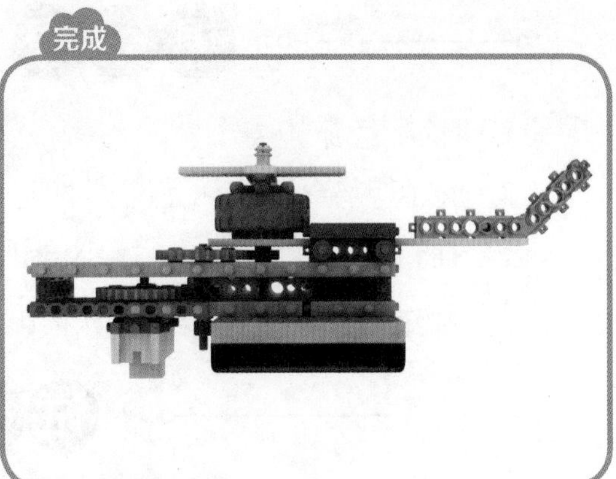

连接主板

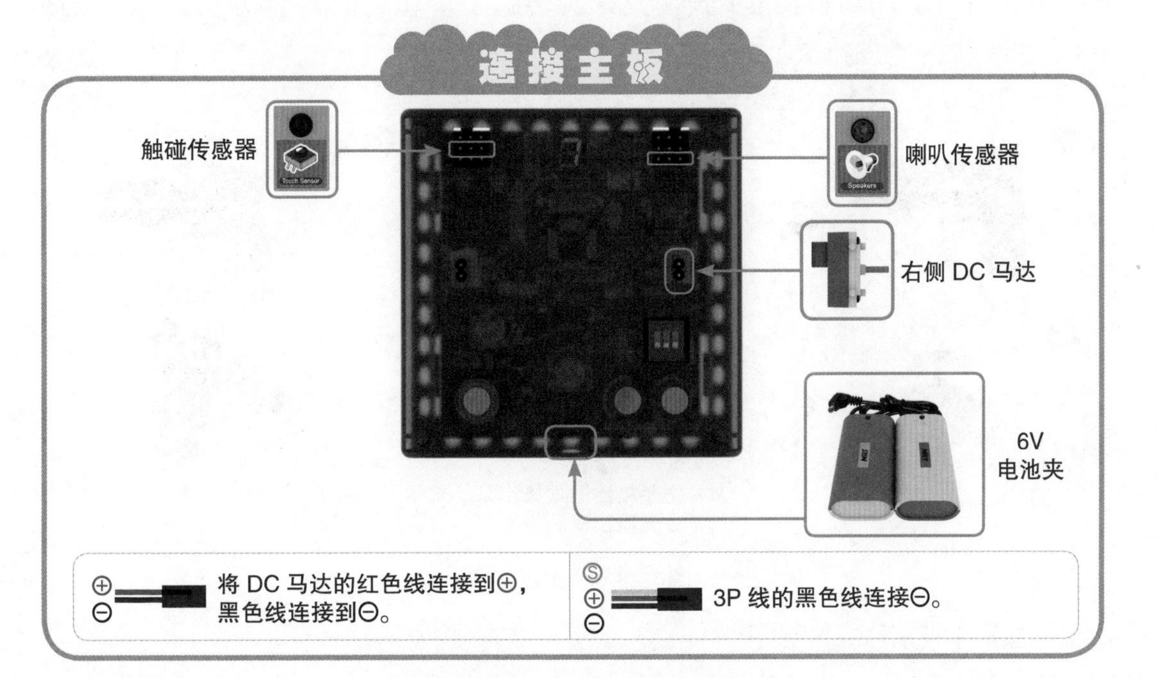

⊕ ⊖ 将 DC 马达的红色线连接到⊕，黑色线连接到⊖。

Ⓢ ⊕ ⊖ 3P 线的黑色线连接⊖。

模式设置

① 确认 6V 电池夹、DC 马达、触碰传感器及喇叭传感器是否连接正确。
② 打开电源开关。
③ 按 MODE 设置按钮，将模式设置成下列图示。

MODE #7	8.	触碰模式

④ 按“开始”按钮，启动陀螺。

图 6-3　拼装步骤及操作方法

想一想 说一说

（1）陀螺有哪些类型？

（2）你在现实生活中玩过哪种陀螺？能用拼装的陀螺或其他陀螺给大家演示陀螺旋转吗？陀螺最后会停下来吗？你能和大家简述一下原因吗？

（3）你常用的物品中有哪些应用了陀螺仪？

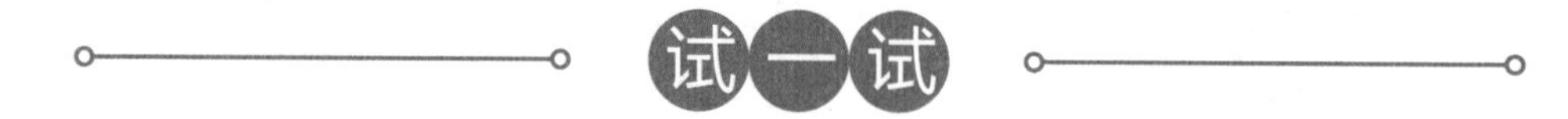

试一试

（1）按图 6-4 所示的步骤使陀螺旋转起来。和其他同学比一比，看谁做的陀螺能转得更加持久。

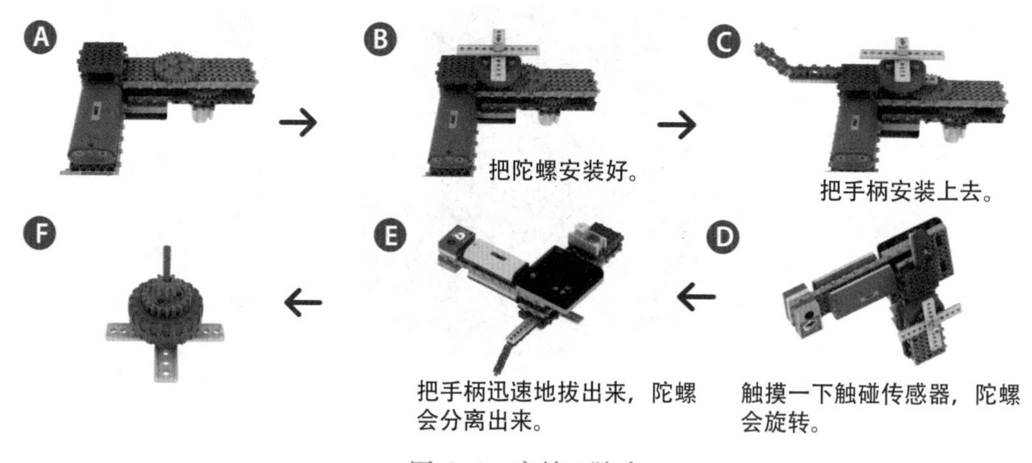

图 6-4　竞技 / 游戏

（2）你能尝试对陀螺进行改良，使它转得更久吗？

结束整理

（1）请将作品拍照、保存。

（2）请将 6V 电池夹关闭并拆下。

（3）请将电子元器件拆下。

（4）请将模型拆除。

（5）请将所有配件放回原位。

（6）对照配件清单清点配件。

第7单元 射击机器人

学习目标

◎ 了解射击运动的历史和射击运动的比赛项目。

◎ 了解射击的过程中应该注意的安全事项。

◎ 能够搭建射击机器人（射靶和射击枪）模型。

◎ 能够结合遥控模式和触碰模式进行射击。

大开眼界

据历史记载，射击运动最早起源于狩猎和军事活动。15 世纪，瑞士就曾经举办过火绳枪射击比赛。500 多年前，斯堪的纳维亚半岛兴起了跑鹿射击的游戏活动。19 世纪初期，欧洲一些国家还举行过对活鸽子射击的游戏，这些都是现代射击比赛的雏形。

在 1896 年举办第一届现代奥林匹克运动会之前，欧洲的不少国家已经成立了射击协会等组织，并举行过射击比赛。1897 年，首届世界射击锦标赛成功举行。目前，国际射联是国际奥委会正式承认的国际业余射击运动在国际和世界水平比赛中唯一的管理机构。射击的比赛项目有手枪（图 7-1）、步枪（图 7-2）、移动靶、飞碟等。

图 7-1　手枪

a)

b)

图 7-2　步枪

动手实现

① 本单元创意拼装目标：射击机器人（图 7-3）。

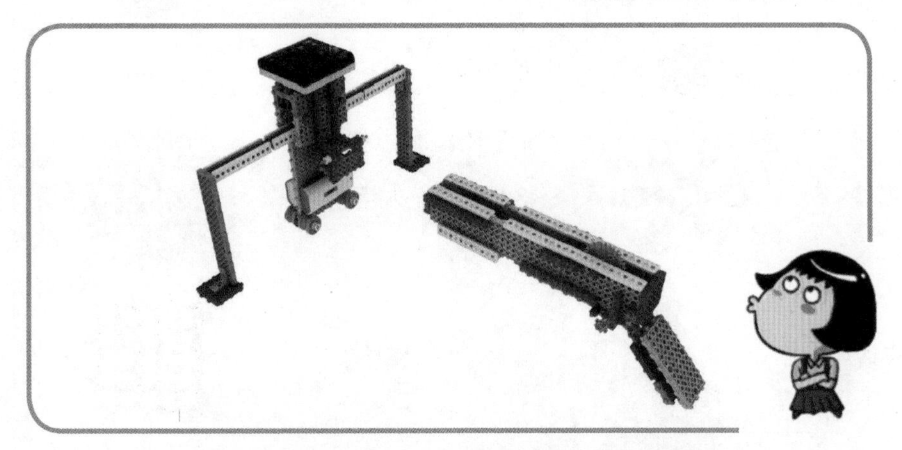

图 7-3　射击机器人（射靶和射击枪）模型

② 准备材料

按照表 7-1 所示的配件清单准备拼装材料，做好搭建准备。

表 7-1　配件清单

品名	图示	数量	品名	图示	数量
模块 121		2 块	模块 15		6 块
11 孔框架		8 块	90 度模块		3 块
21 孔框架		4 块			
模块 35		3 块	5 孔连接框架		4 块
			11 孔连接框架		4 块
中轴		7 根	长轴		1 根

（续）

品名	图示	数量	品名	图示	数量
模块 311		4 块	大护帽		14 个
模块 321		2 块	引导轮		4 个
小红帽		12 个	小护帽		2 个
齿轮模块		3 块	大齿轮		1个
L 形模块		4 块	模块 55		4 块
模块 135		3 块	遥控接收器		1个
模块 111		8 块	红外线传感器		1个
模块 511		5 块	主板		1个
模块 1117		1 块	DC 马达		2 个
模块 523		2 块	6V 电池夹		1 块

3 动手搭一搭（图 7–4）

（1）制作射靶。

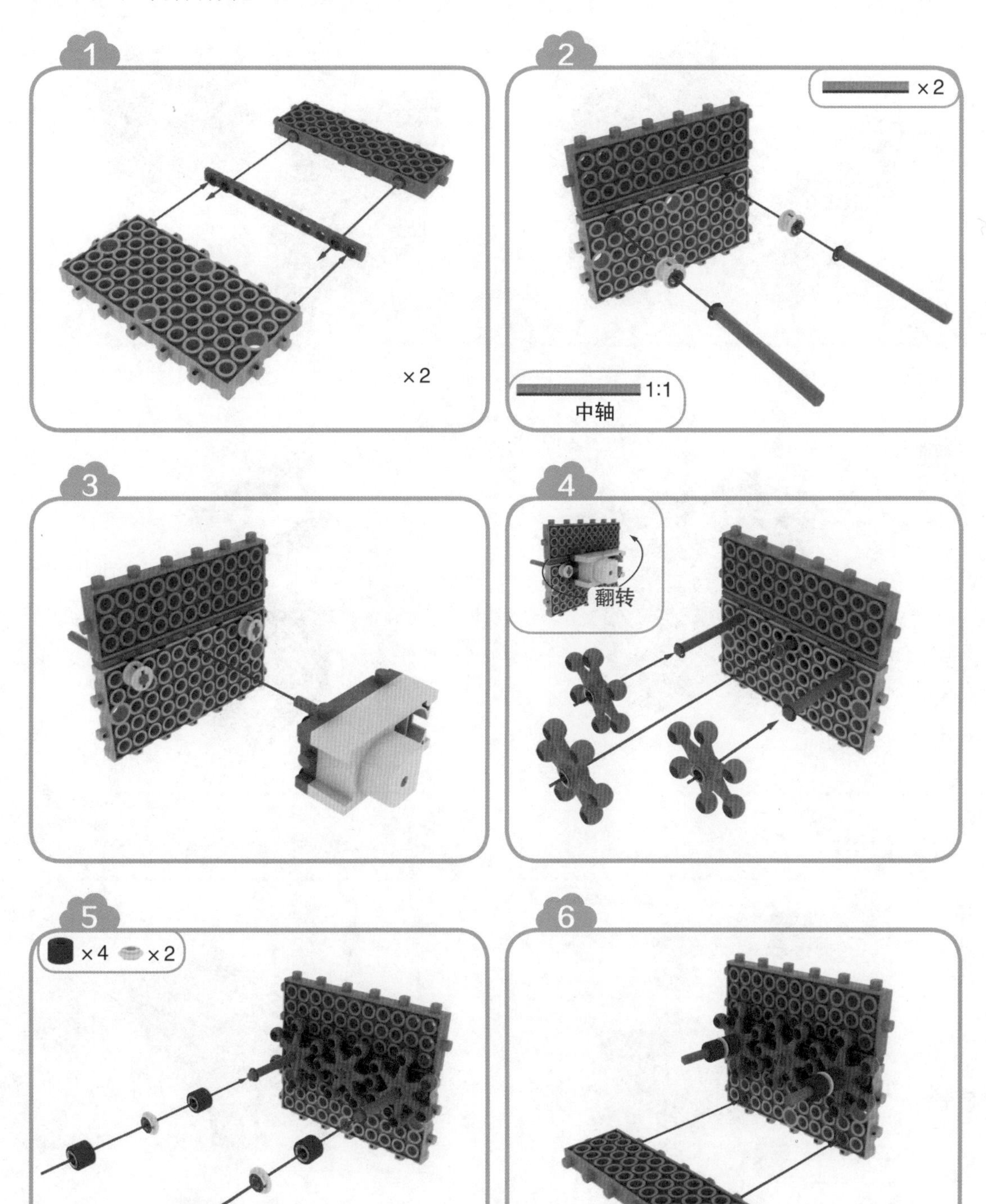

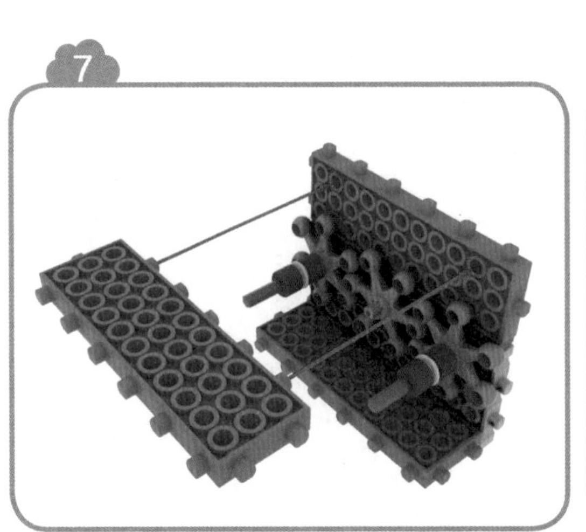
7

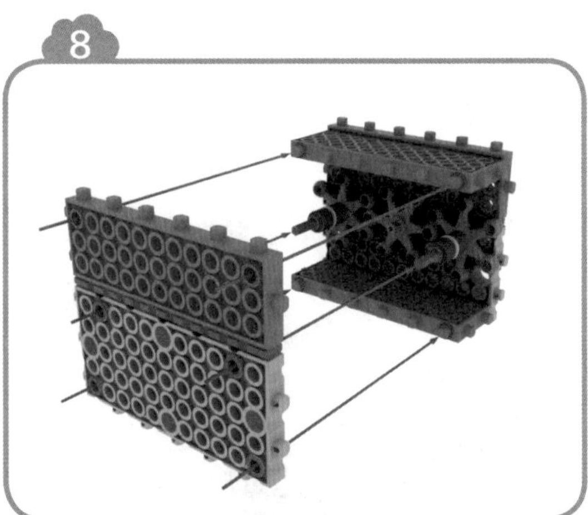
8

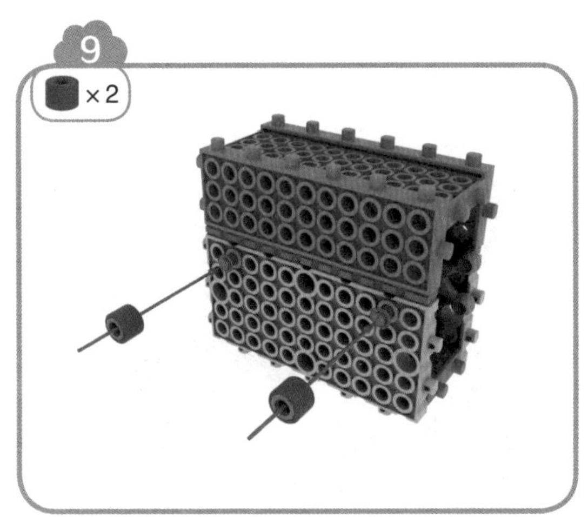
9
×2

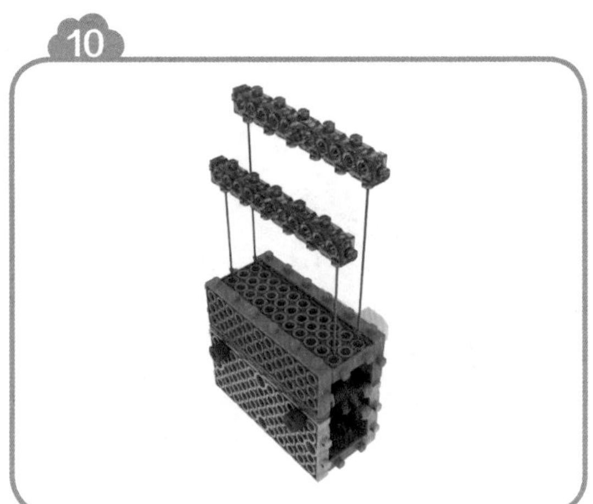
10

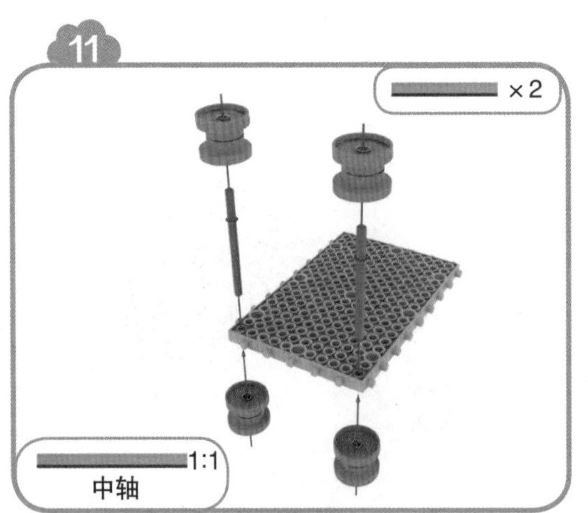
11
×2
1:1
中轴

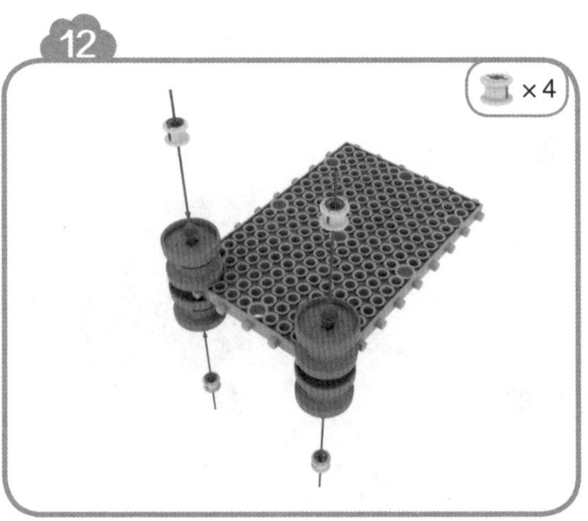
12
×4

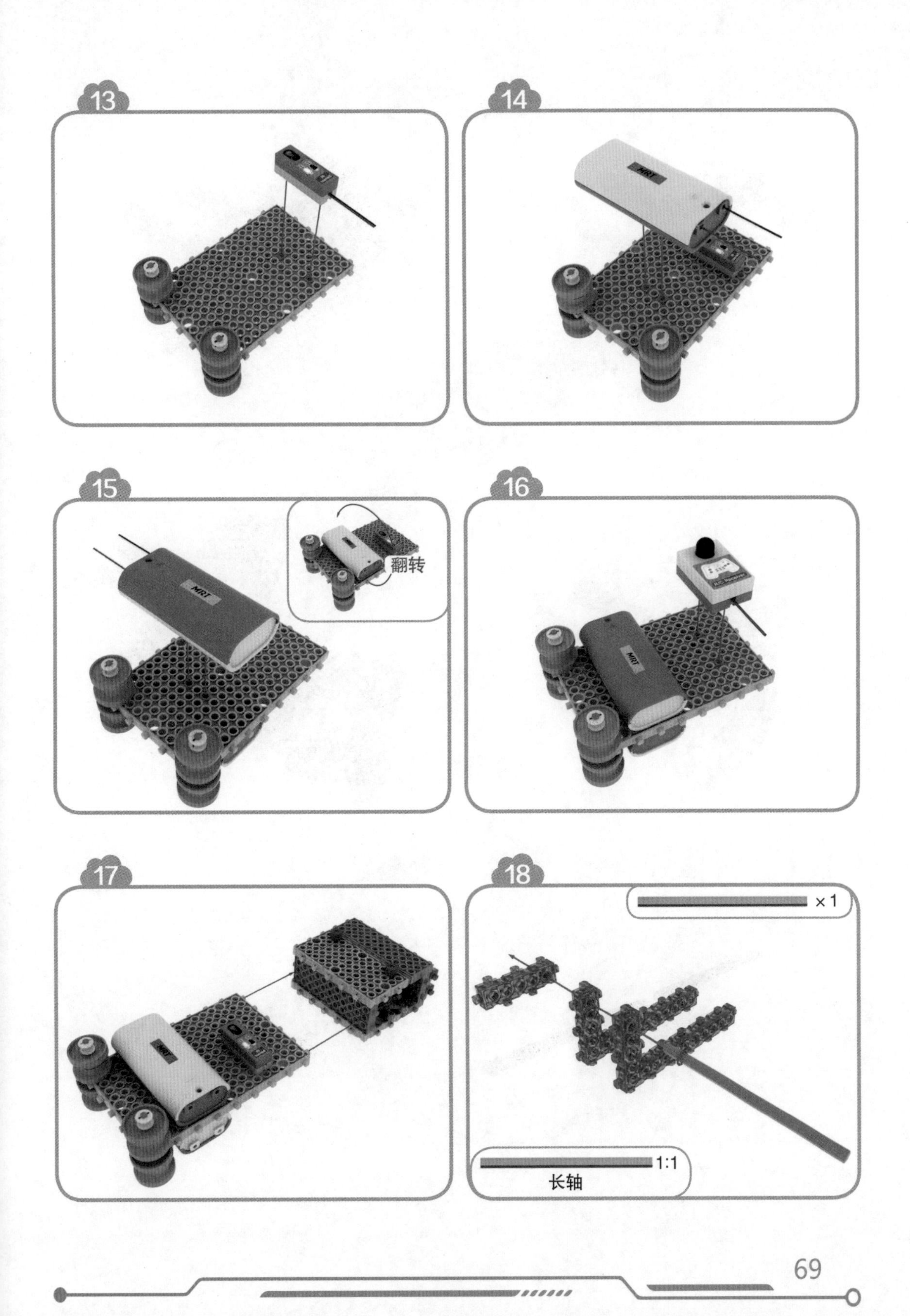
13
14
15
翻转
16
17
18
×1
1:1
长轴

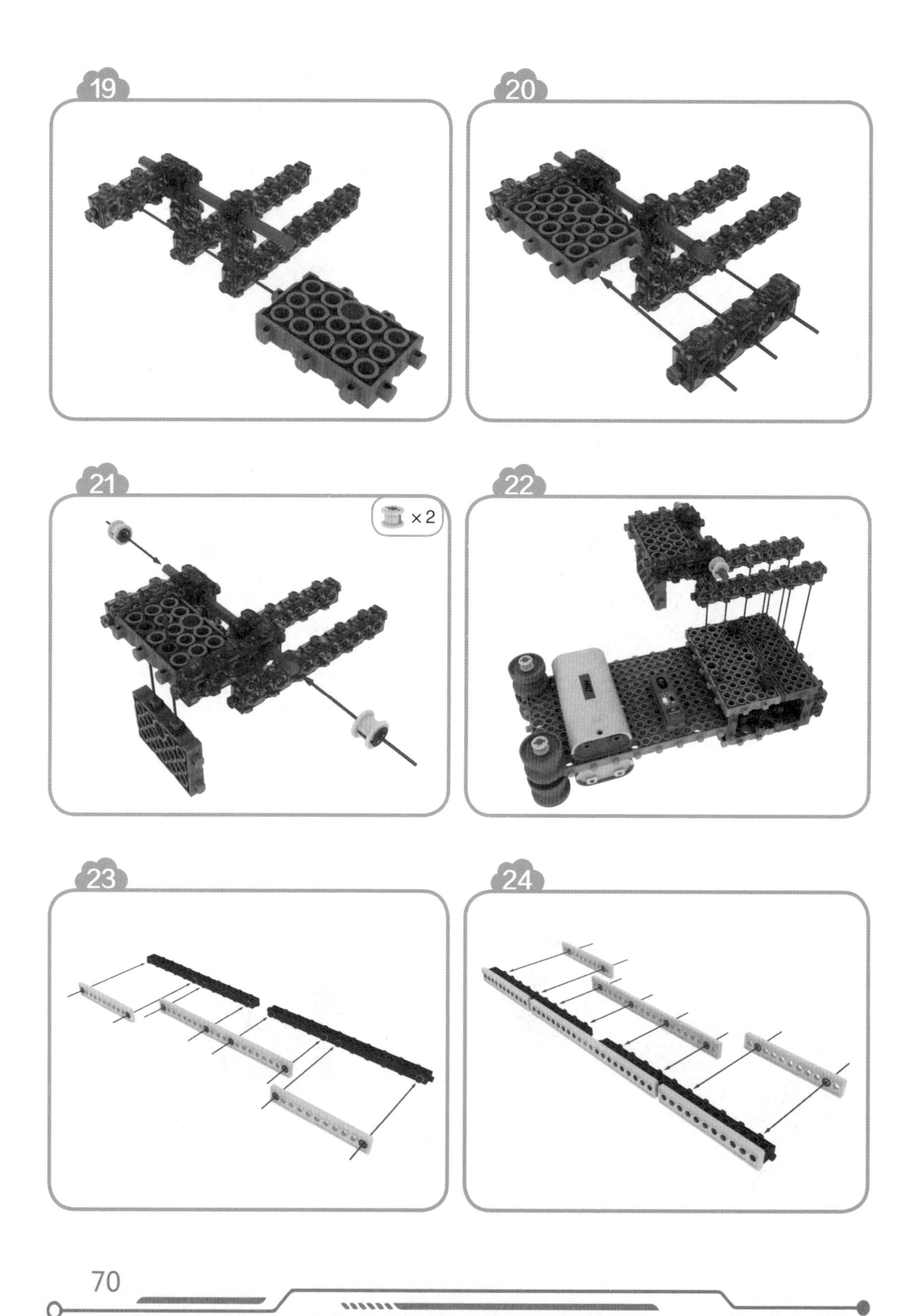
19
20
21
×2
22
23
24

25

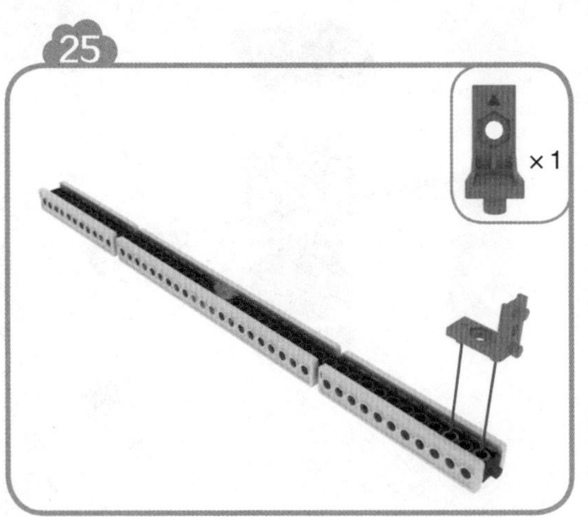

26

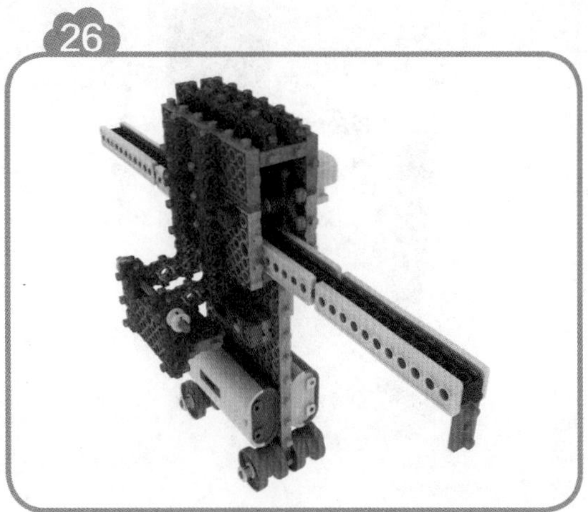

27

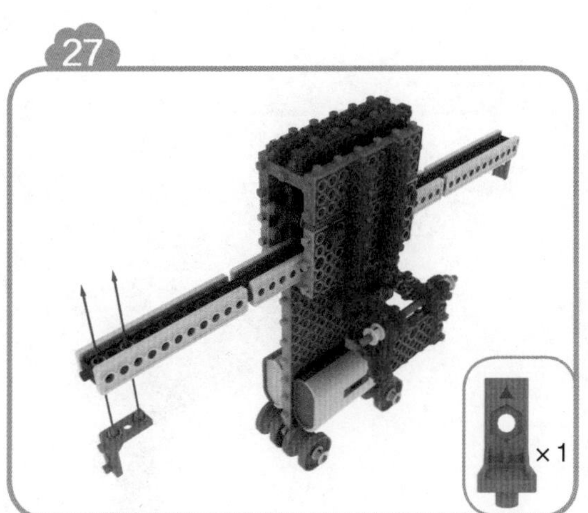

28

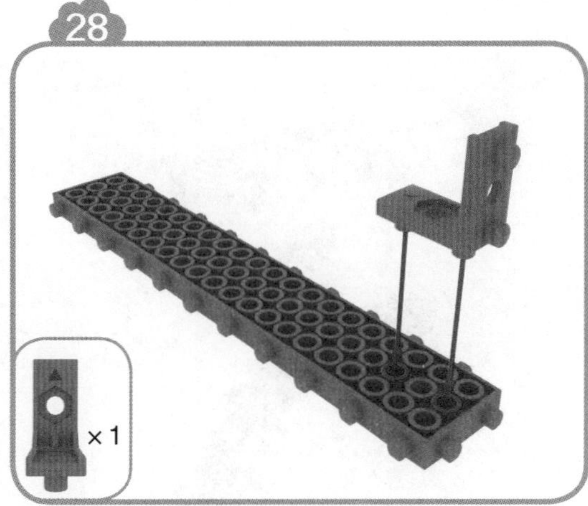

29

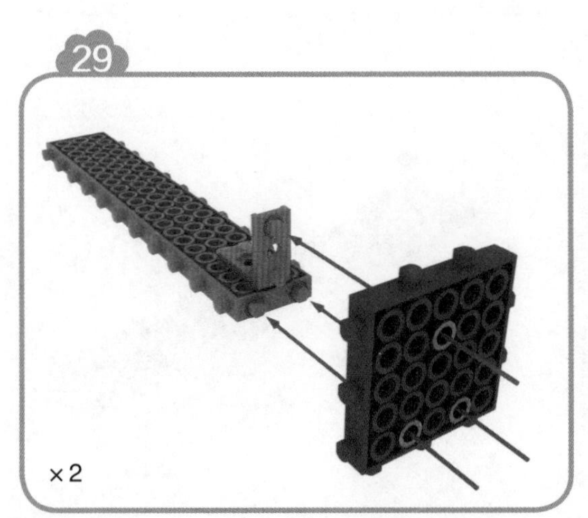

30

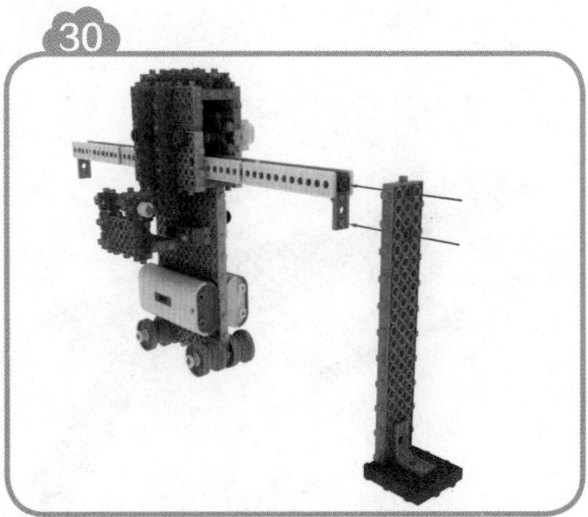

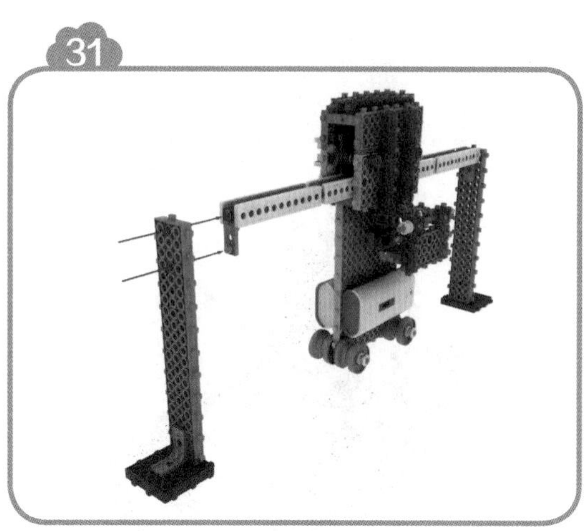

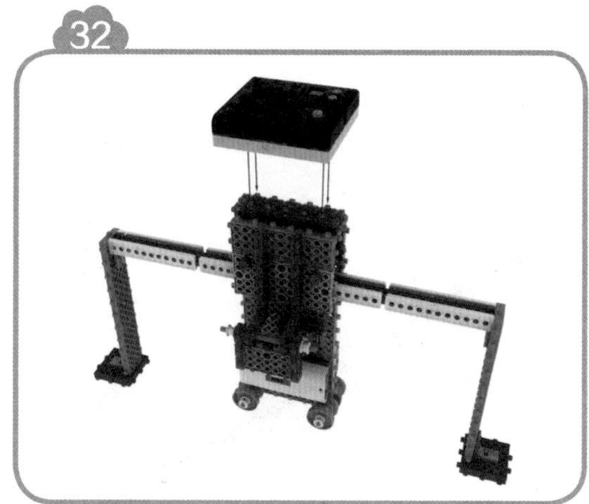

（2）制作橡皮筋枪。

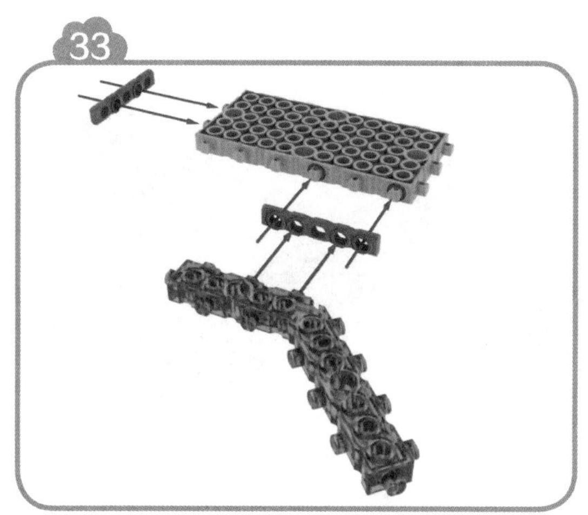

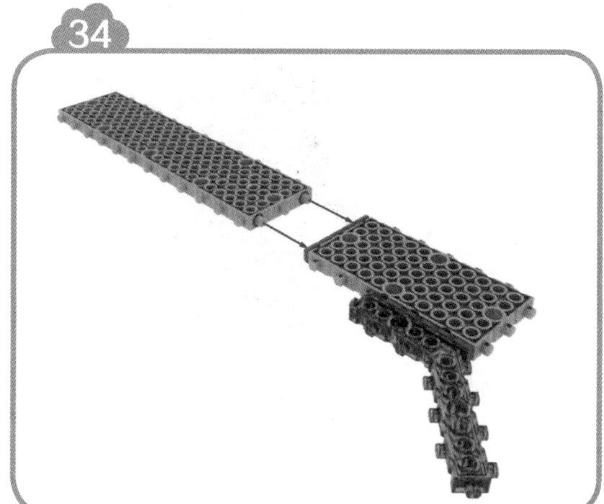

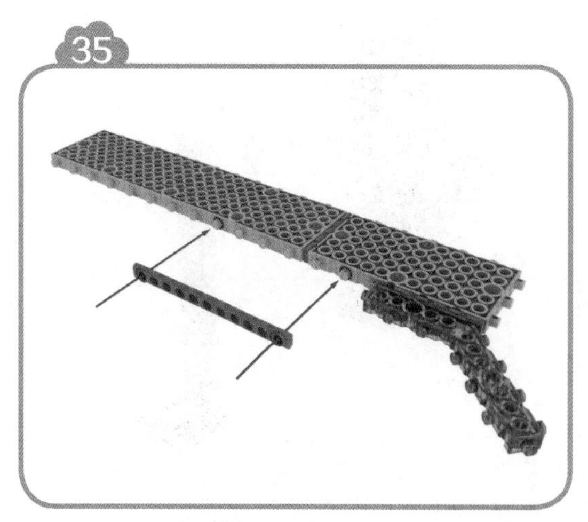

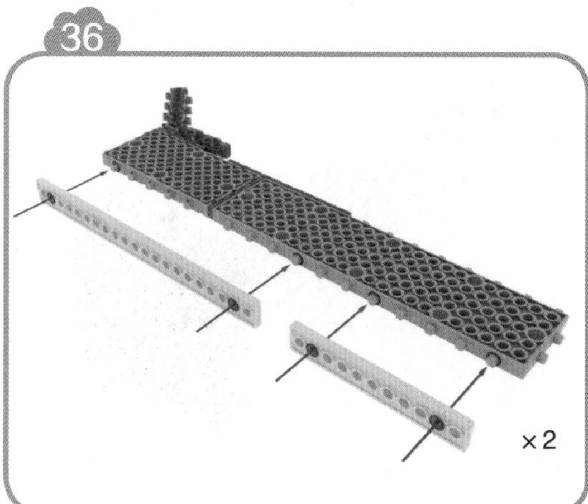

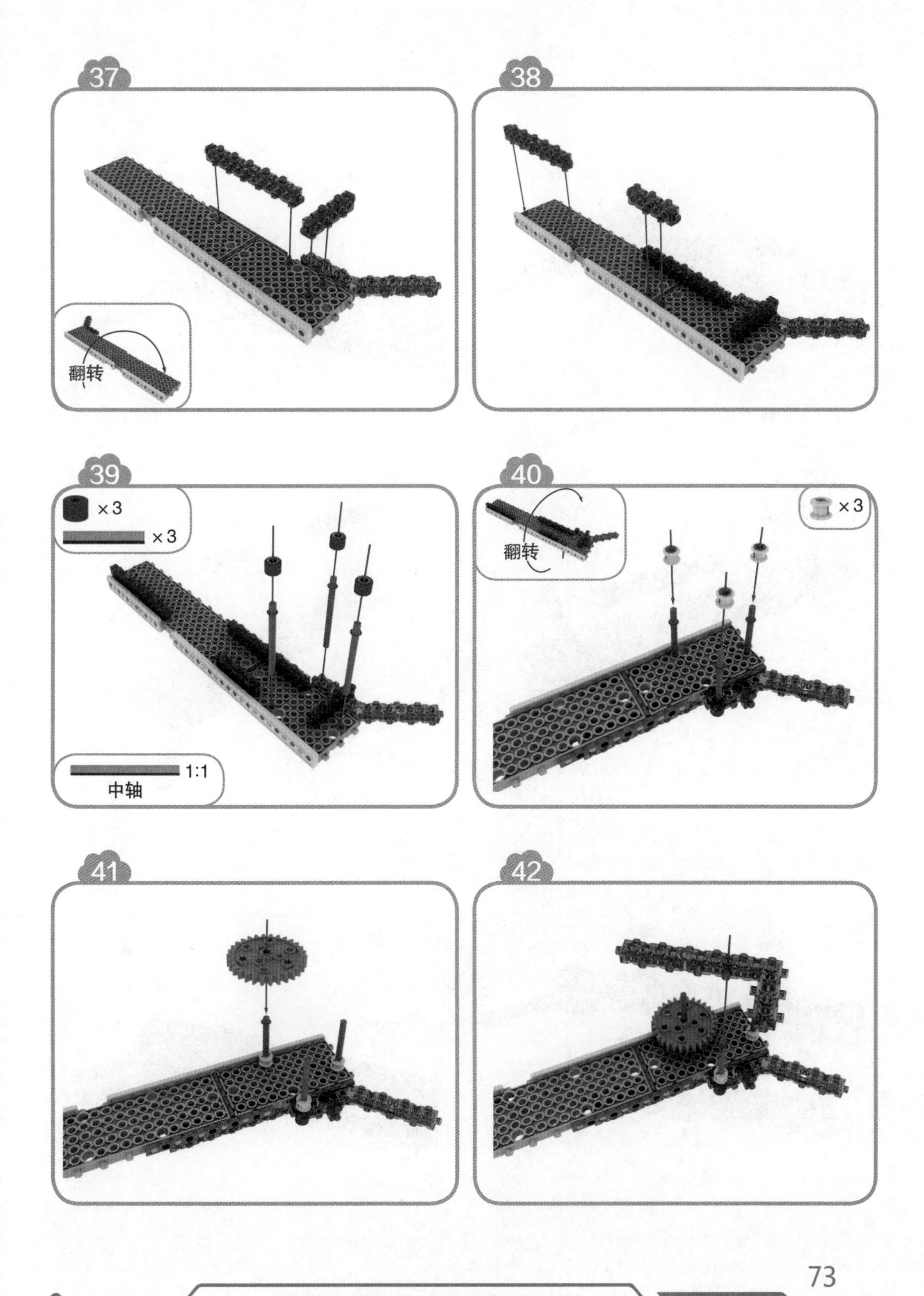
37
翻转
38
39
×3
×3
1:1
中轴
40
翻转
×3
41
42

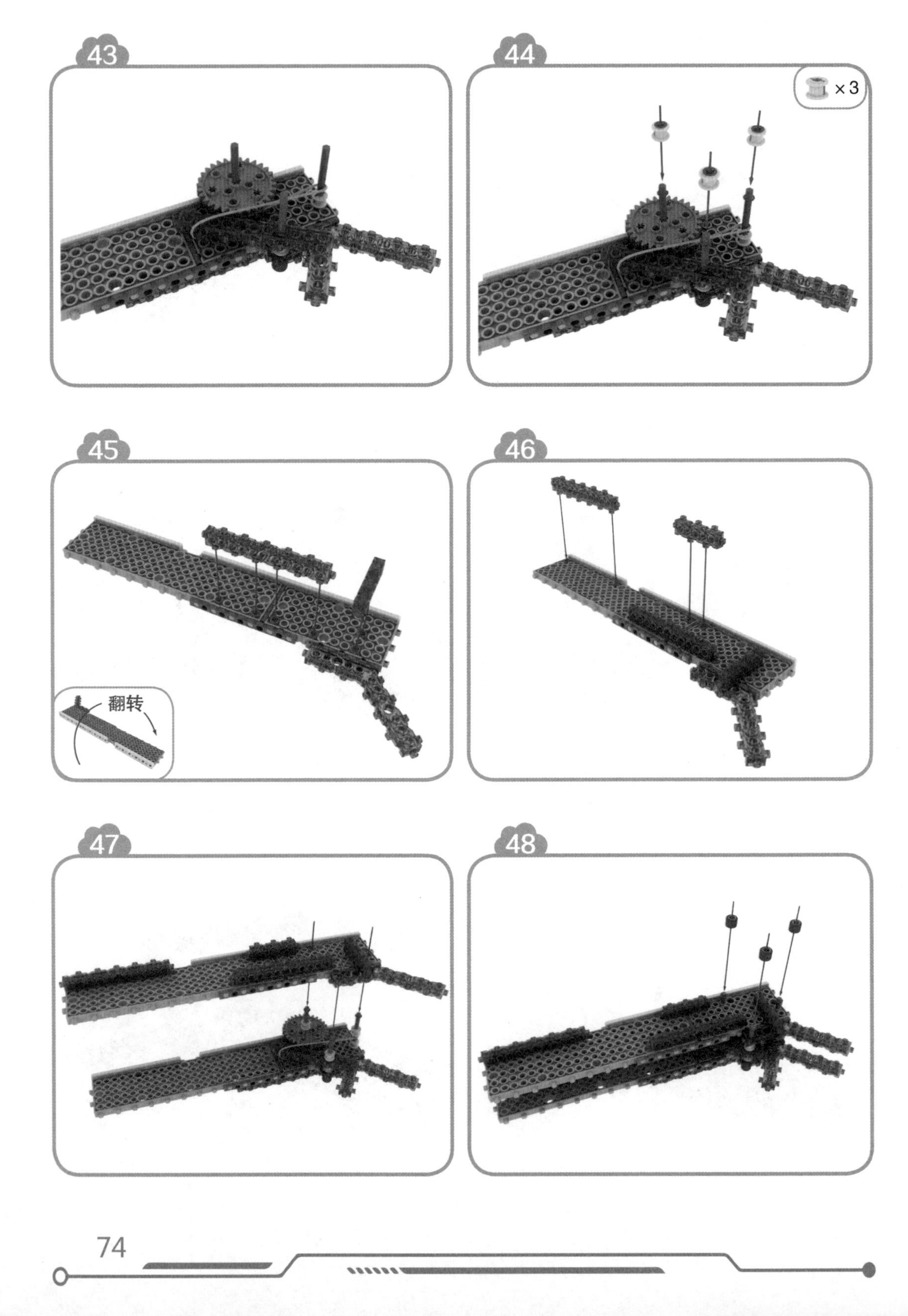
43
44
×3
45
翻转
46
47
48

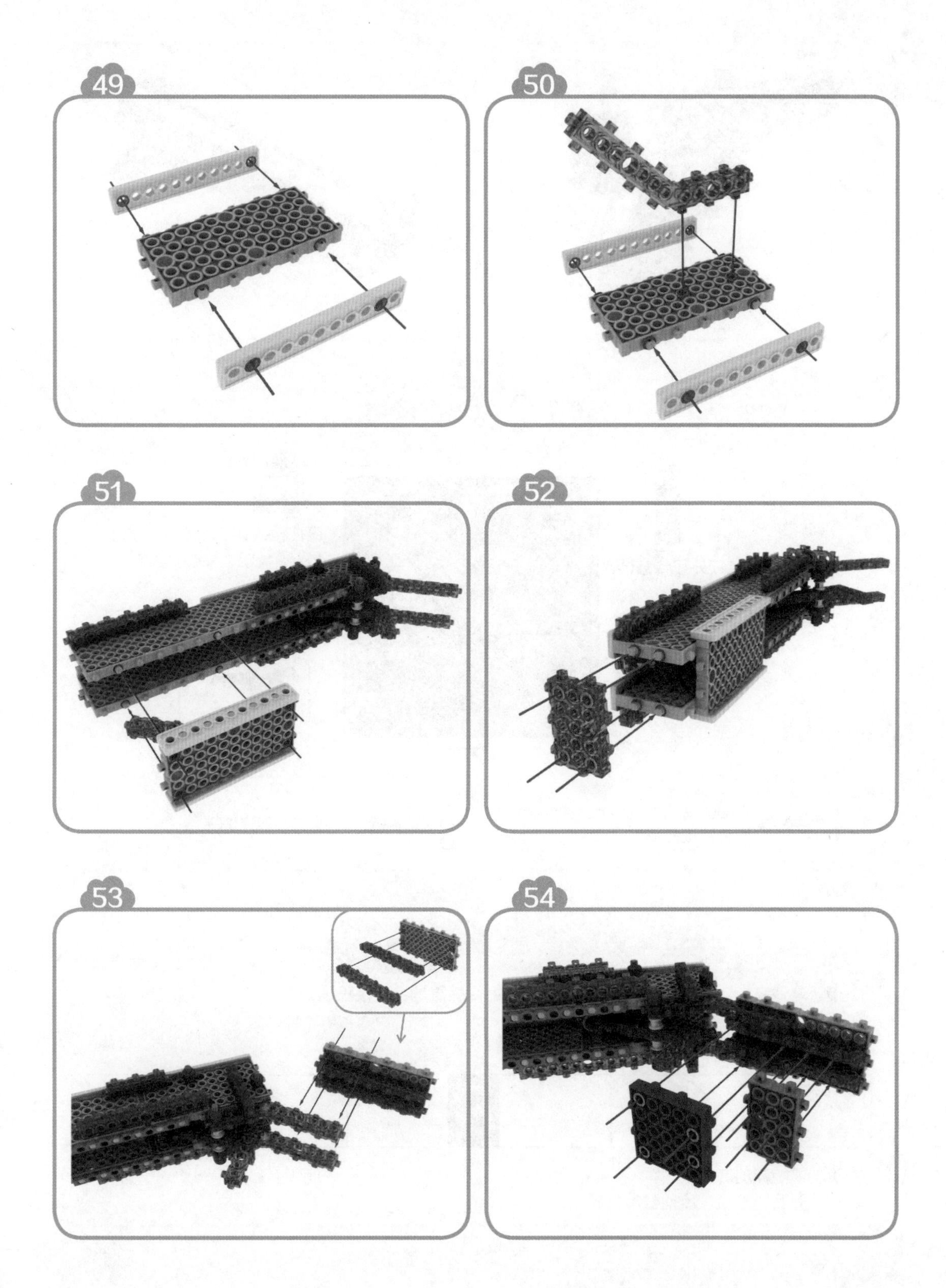
49
50
51
52
53
54

55

完成

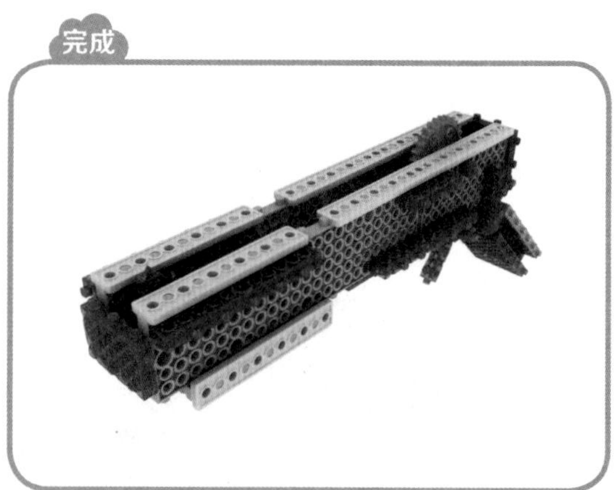

连接主板

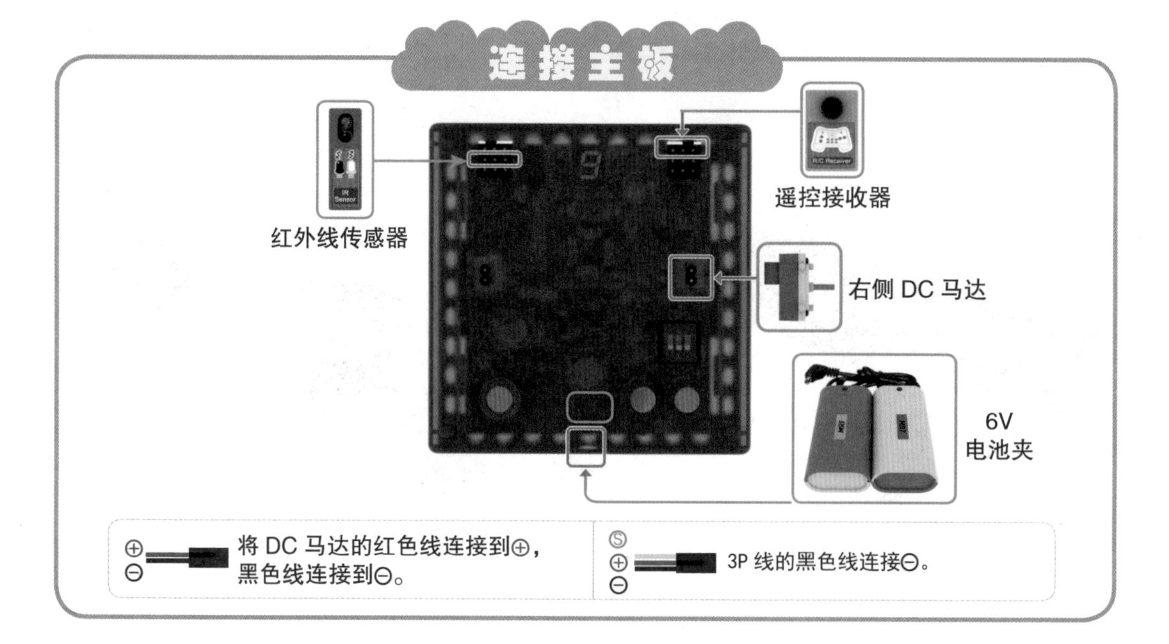

模式设置

① 确认电池夹、DC马达、红外线传感器及遥控传感器是否连接正确。
② 打开电源开关。
③ 按MODE设置按钮，将模式设置成下列图示。

MODE #9		遥控 + 触碰模式

④ 设置遥控器的ID。
⑤ 按“开始”按钮，启动射击机器人。

图 7-4　拼装步骤及操作方法

想一想 说一说

（1）射击过程中有哪些因素可能会影响射击的结果？

（2）怎么样才能更精准地射击呢？什么样的射击动作更为规范呢？

搭一搭 试一试

（1）射击小游戏（图 7–5）。

一名小朋友用遥控器遥控射靶，另一名小朋友用橡皮筋枪射靶，看谁更厉害！

图 7–5　竞技 / 游戏

（2）你能把手枪改造为简单的步枪吗？

结束整理

（1）请将作品拍照、保存。

（2）请将 6V 电池夹关闭并拆下。

（3）请将电子元器件拆下。

（4）请将模型拆除。

（5）请将所有配件放回原位。

（6）对照配件清单清点配件。

第8单元 小鸭子

◎ 了解红外线，认识红外线传感器。

◎ 认识红外线传感器的特点、探测范围和应用。

◎ 能够搭建小鸭子模型。

◎ 掌握主板的跟踪模式。

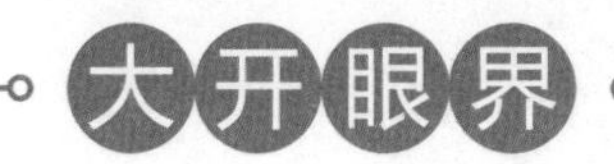

1 红外线

红外线是太阳光线中众多不可见光线中的一种。肉眼可见的光波波长从400 纳米（紫光）到 750 纳米（红光），而波长 750 纳米到 1 毫米之间的光称为红外线，是一种肉眼看不到的光。光谱示意图如图 8-1 所示。

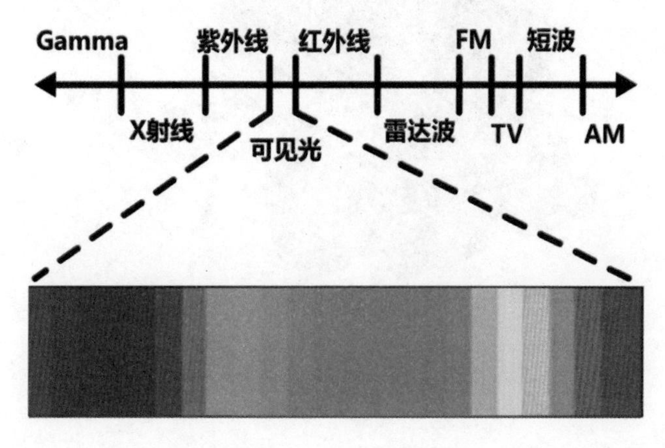

图 8-1　光谱示意图

人、火、冰等都会产生红外线，只是产生的红外线因物体的温度不同而不同。

2 红外线技术

红外线技术在日常生活中的应用非常广泛，如用于高温杀菌及监控设备、电视机遥控器、宾馆客房门卡等。

3 红外线传感器

红外线传感器是利用红外线来进行数据处理的一种传感器。红外线传感器常用于无接触温度测量，比如楼道的灯，通过红外线传感器控制灯的开和关，可以实现“人来灯亮，人走灯灭”，达到节能的目的。

动手实现

① 本单元创意拼装目标：小鸭子（图 8-2）。

图 8-2 小鸭子模型

② 准备材料

按照表 8-1 所示的配件清单准备拼装材料，做好搭建准备。

表 8-1 配件清单

品名	图示	数量	品名	图示	数量
5 孔框架		7 块	马达固定模块		5 块
11 孔框架		9 块	眼睛模块		2 块
21 孔框架		2 块	11 孔连接框架		1 个
L 形模块		2 块	三角模块		3 块

（续）

品名	图示	数量	品名	图示	数量
模块 35		2 块	模块 1117		1 块
模块 311		2 块	引导轮		1 个
			中轮子		2 个
小护帽		2 个			
小红帽		6 个	喇叭传感器	Speakers	1 个
中轴		3 根			
			红外线传感器	IR Sensor	2 个
模块 135		2 块	主板		1 个
模块 111		4 块			
			DC 马达		2 个
模块 511		3 块			
模块 121		2 块	6V 电池夹		1 块

③ 动手搭一搭（图 8–3）

1

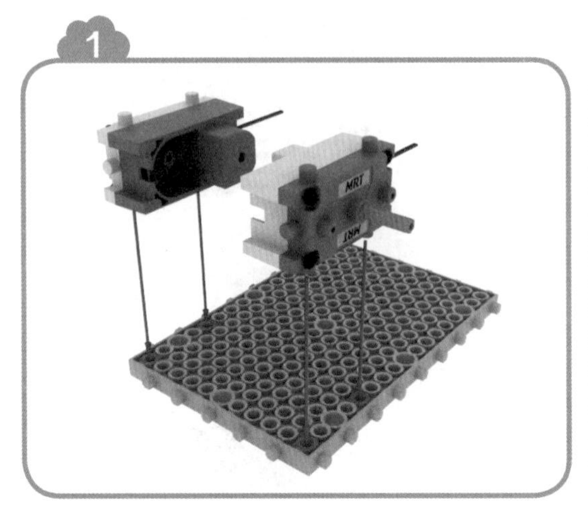

2

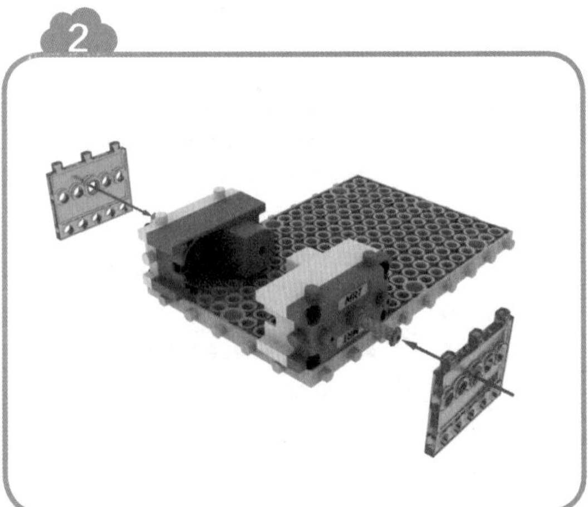

3

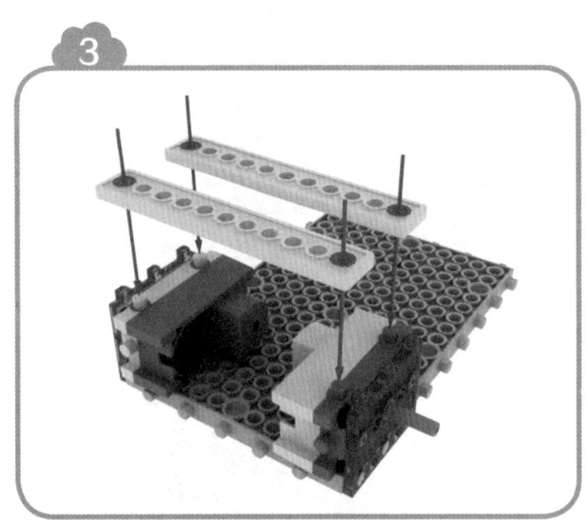

4

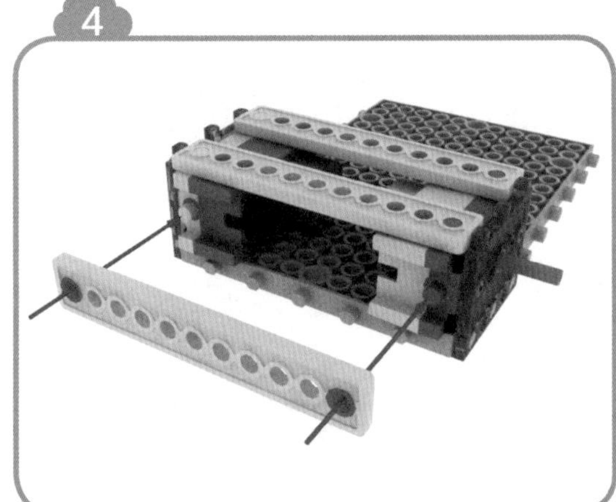

5

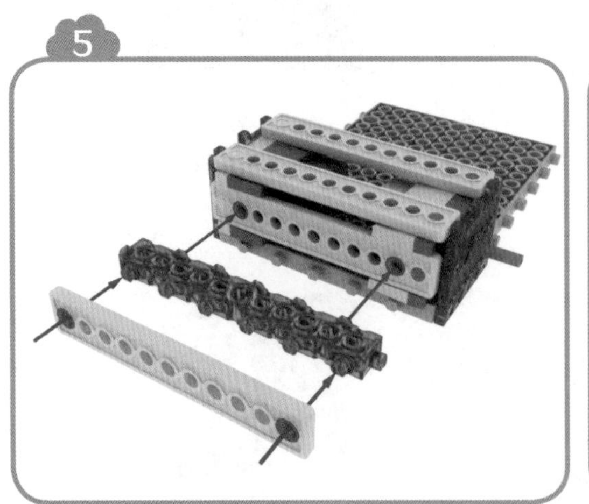

6

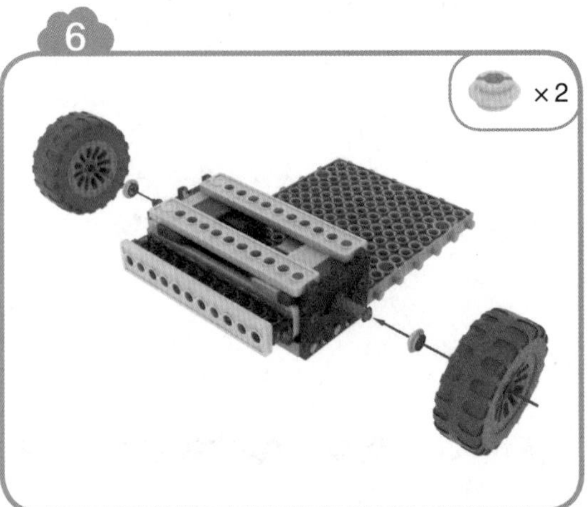

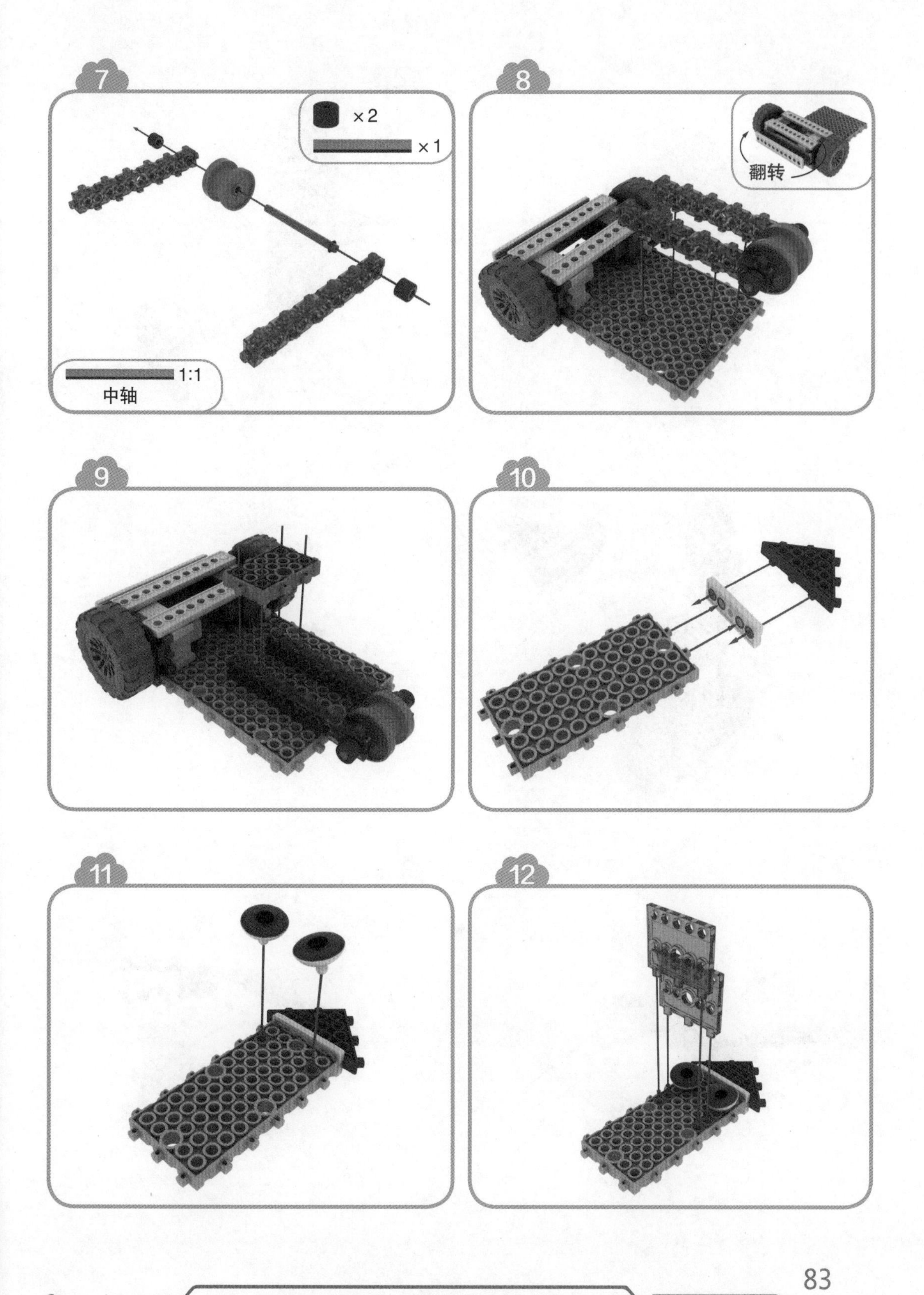
7
×2
×1
1:1
中轴
8
翻转
9
10
11
12

13

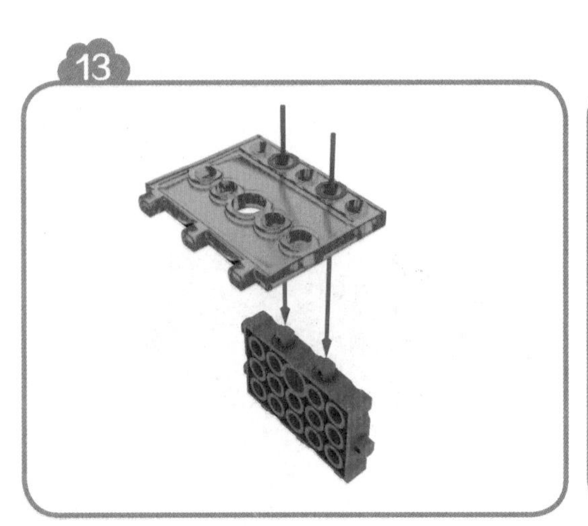

14

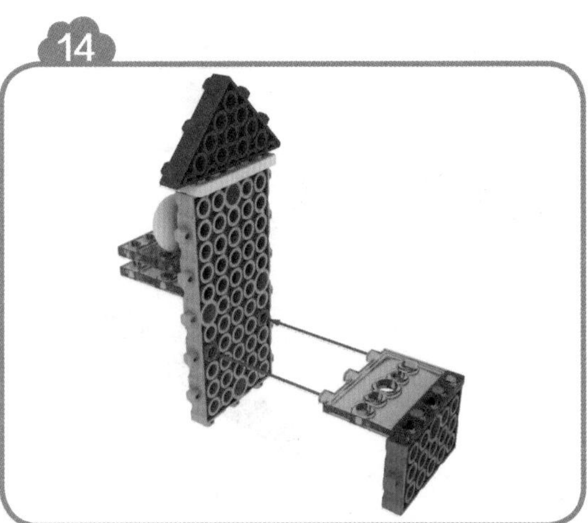

15

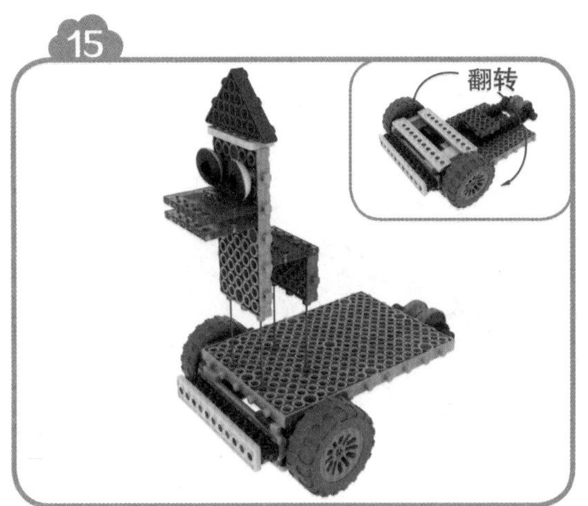

16

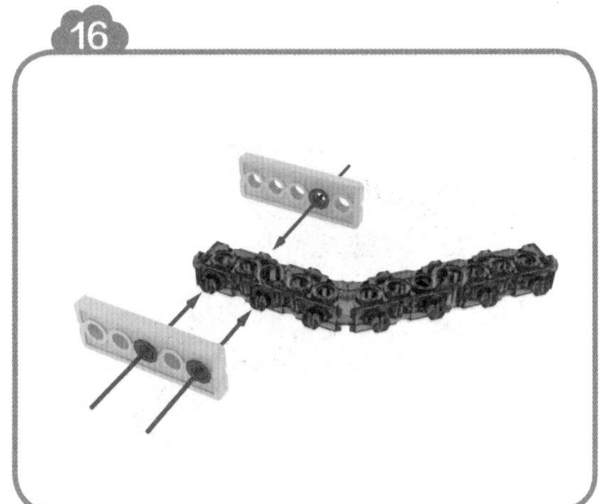

17

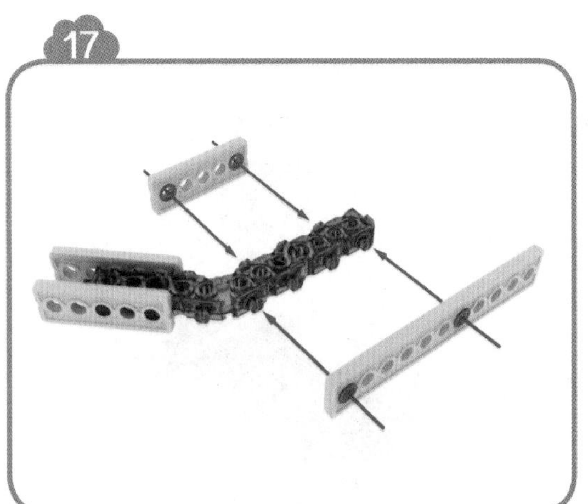

18

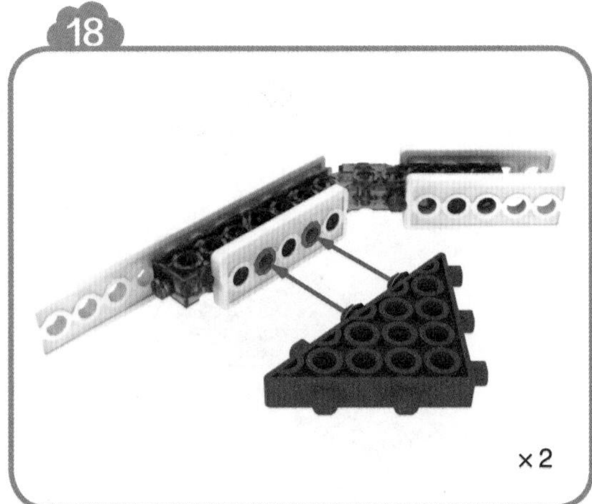

19

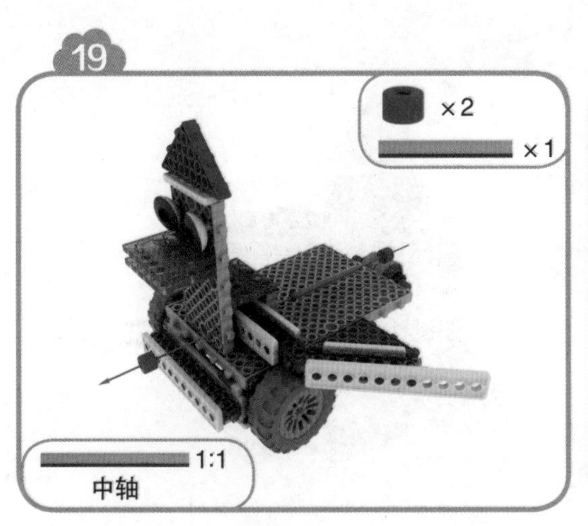

20

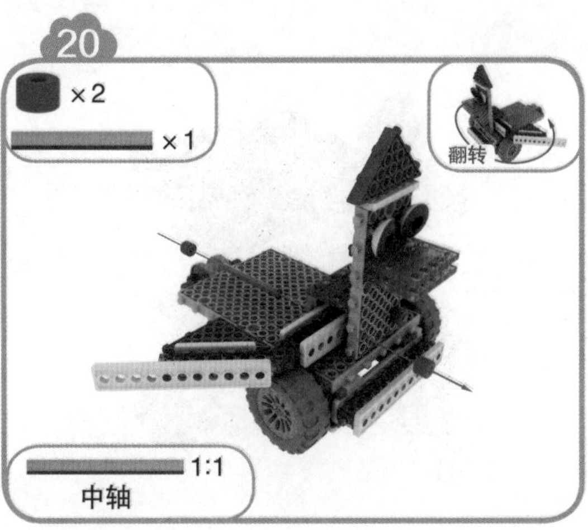

21

22

23

24

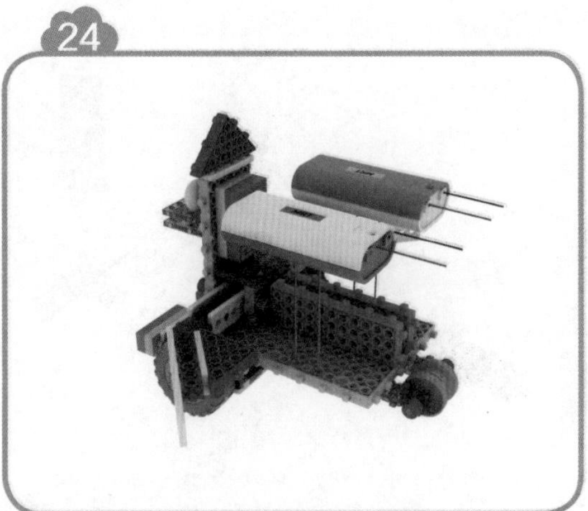

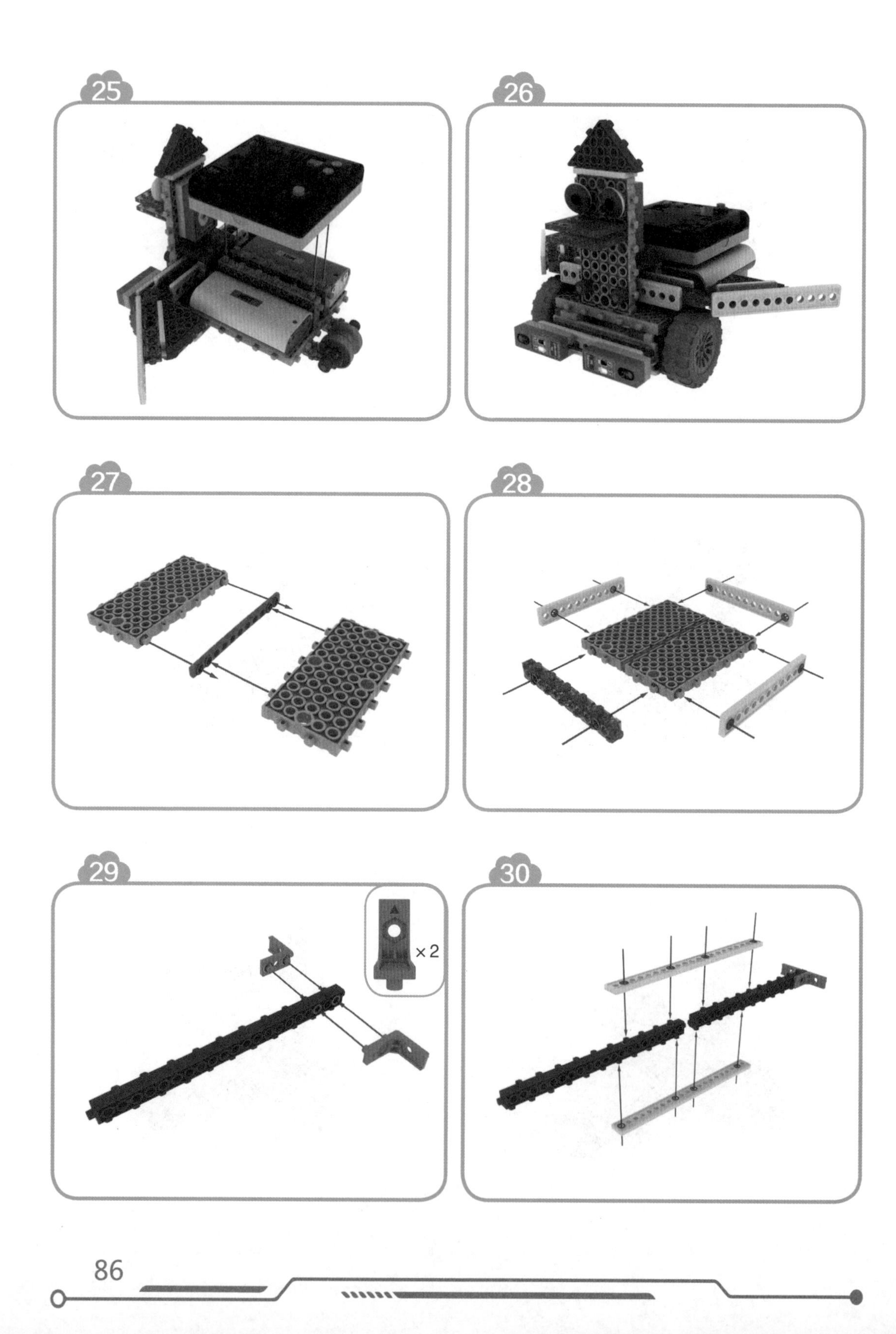
25
26
27
28
29
×2
30

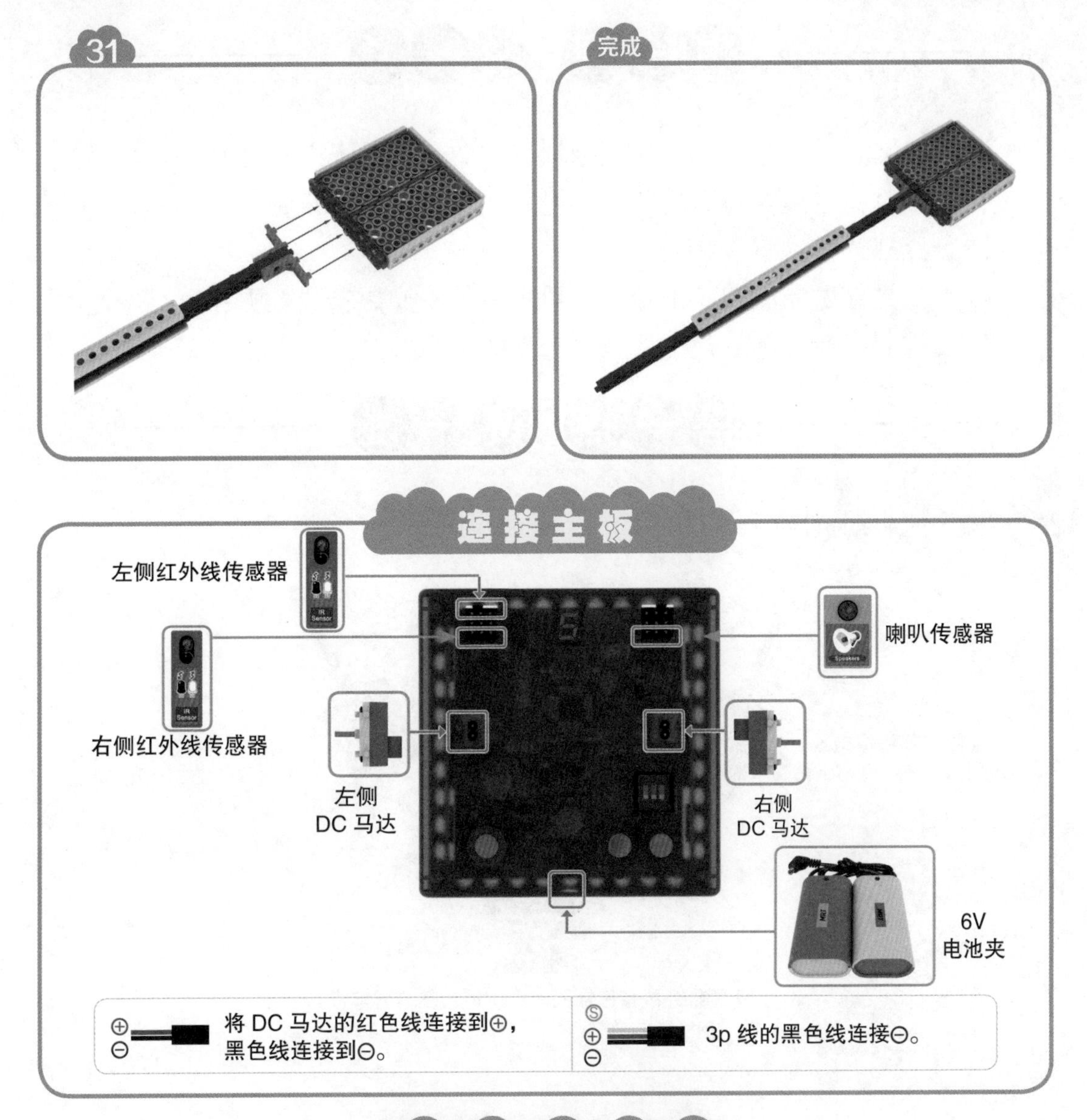

模式设置

① 确认 6V 电池夹、DC 马达、红外传感器及喇叭传感器是否连接正确。
② 打开电源开关。
③ 按 MODE 设置按钮，将模式设置成下列图示。

MODE #5		跟踪模式

④ 按开始按钮，启动小鸭子。

图 8-3　拼装步骤及操作方法

（1）拼装完成后的小鸭子是怎么动起来的？能简单描述一下你的理解吗？
（2）平时在生活中还有哪些应用是利用红外线技术来运行的？
（3）红外线技术有哪些缺点呢？
（4）如果你做的小鸭子不能动，可能是什么原因造成的呢？
（5）控制拍在多远的范围外就不起作用了呢？

和其他小朋友比赛（图 8-4），看谁的小鸭子先到达终点。

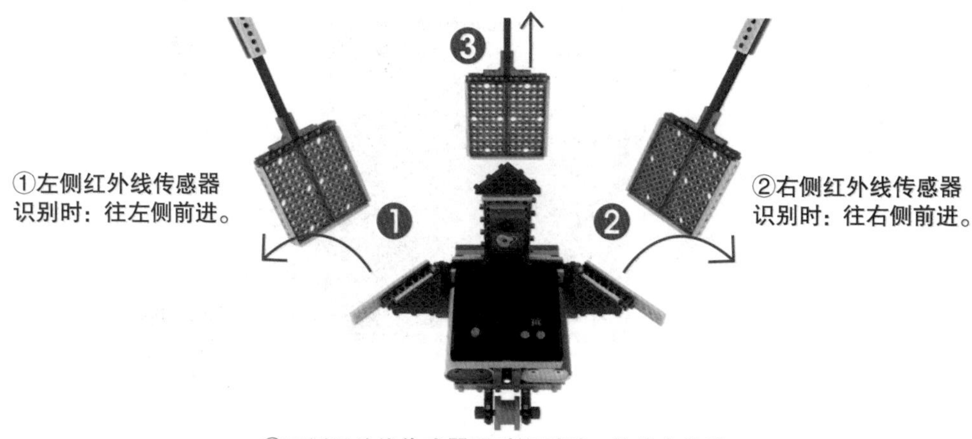

图 8-4　竞技 / 游戏

（1）请将作品拍照、保存。
（2）请将 6V 电池夹关闭并拆下。
（3）请将电子元器件拆下。
（4）请将模型拆除。
（5）请将所有配件放回原位。
（6）对照配件清单清点配件。

第9单元 智能机器人

学习目标

◎ 深入理解红外线技术的使用。

◎ 了解利用红外线进行避障的简单原理。

◎ 能够搭建智能机器人模型。

◎ 掌握主板的避障模式的使用。

大开眼界

在当今科技高速发展的时代，人们越来越需要机器人去替代人类来完成一些危险复杂的任务。例如，在科学探索或者救灾抢险中，机器人可以代替人去一些危险的地方，或者是人无法轻易到达的区域。如果机器人能够感知周围环境，遇到障碍物能进行绕行，这便是自动避障。多种传感器的结合使用可以实现避障的目的，我们在上一单元中学到的红外线技术便可以作为其中一种避障传感器使用。

一般的红外线测距都是采用三角测距原理（图 9-1）。红外线发射器按照一定角度发射红外线光束，遇到物体之后，光会反向折射回来，检测到反射光之后，通过几何三角关系，就可以计算出物体距离 D。

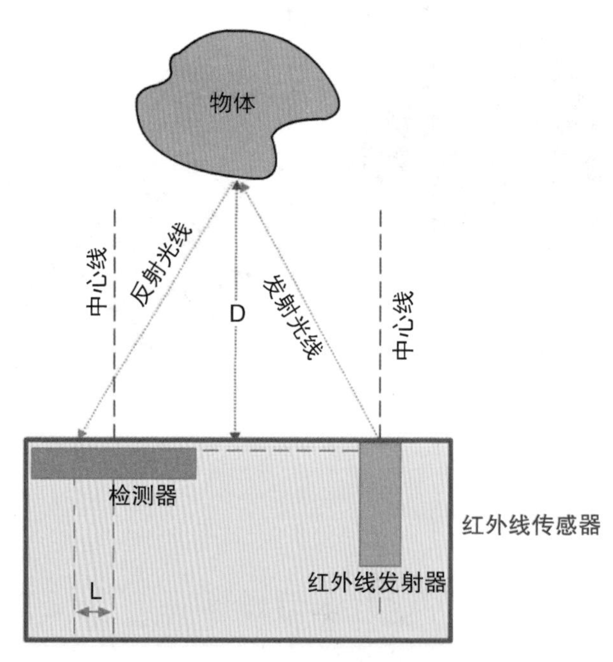

图 9-1　三角测距原理

当物体距离足够近的时候，也就是 D 很小的时候，图中 L 值会很大，如果超过检测器的检测范围，就算物体很近，但传感器反而感应不到。当物体距离比较远的时候，也就是 D 很大时，L 值就会很小，测量灵敏度将降低。因此，常见的红外线传感器测量距离都比较近。

动手实现

① 本单元创意拼装目标：智能机器人（图 9–2）。

图 9–2　智能机器人模型

② 准备材料

按照表 9–1 所示的配件清单准备拼装材料，做好搭建准备。

表 9–1　配件清单

品名	图示	数量	品名	图示	数量
5 孔框架		8 块	90 度模块		1 块
11 孔框架		2 块	11 孔连接框架		3 块
短轴		6 根	履带		38 个
模块 15		2 块	模块 35		2 块

（续）

品名	图示	数量	品名	图示	数量
模块 311	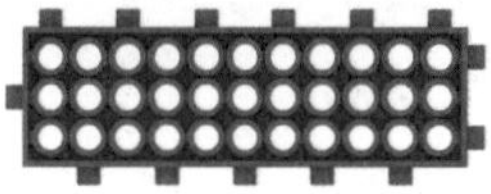	5 块	连接轴		4 根
小护帽		10 个	引导轮		4 个
小红帽		14 个	连接护帽		4 个
中轴		2 根	链条轮		2 个
模块 135	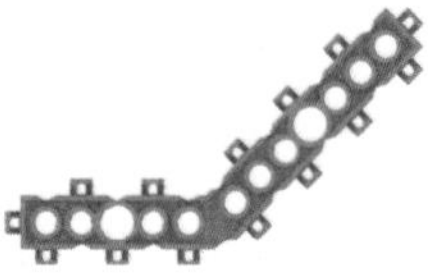	2 块	红外线传感器		2 个
模块 111		2 块	主板	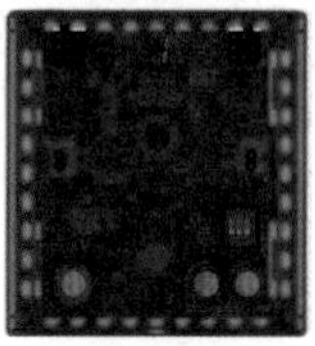	1 个
模块 511	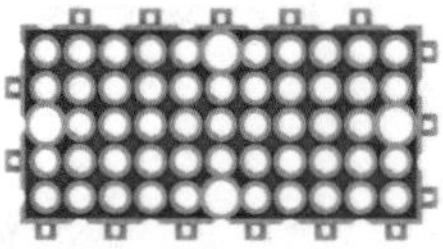	6 块	DC 马达		2 个
模块 55		1 块	6V 电池夹		1 块

③ 动手搭一搭（图 9-3）

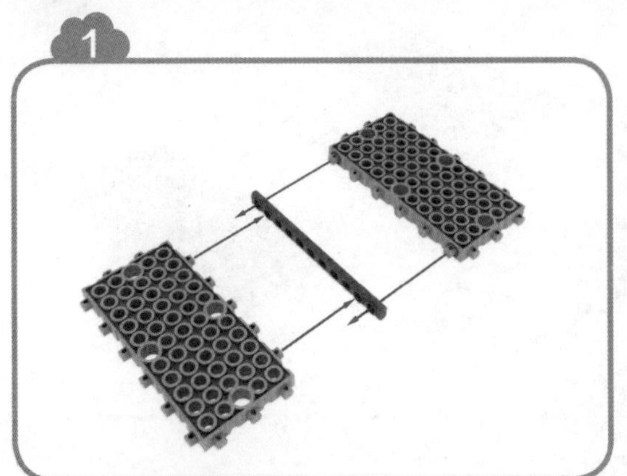

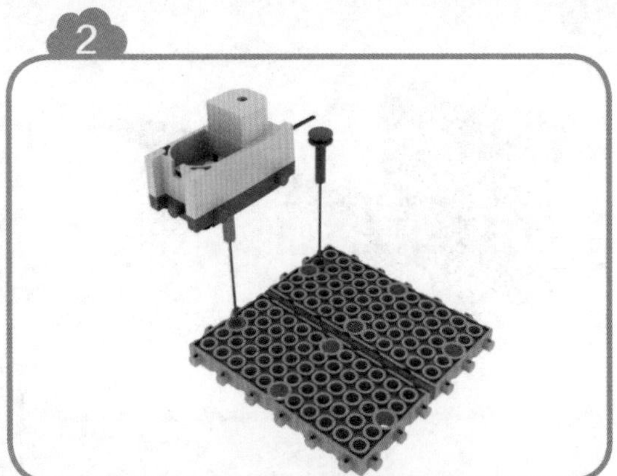

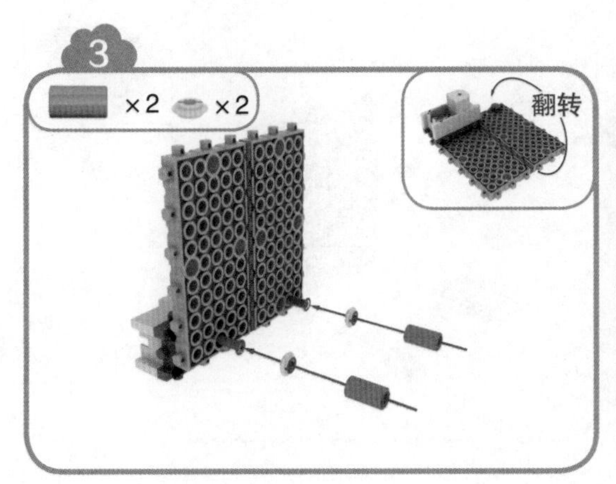

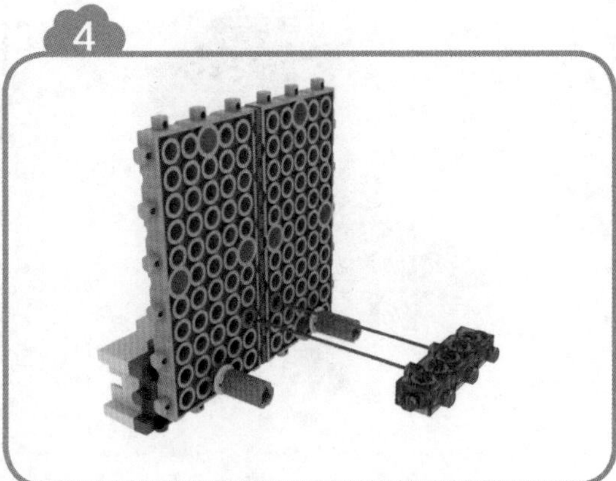

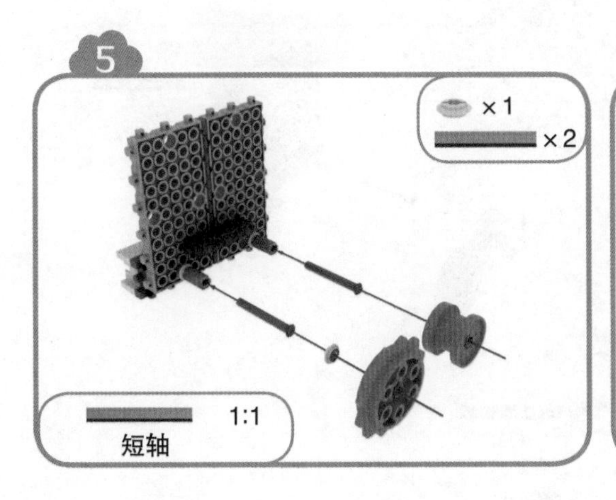

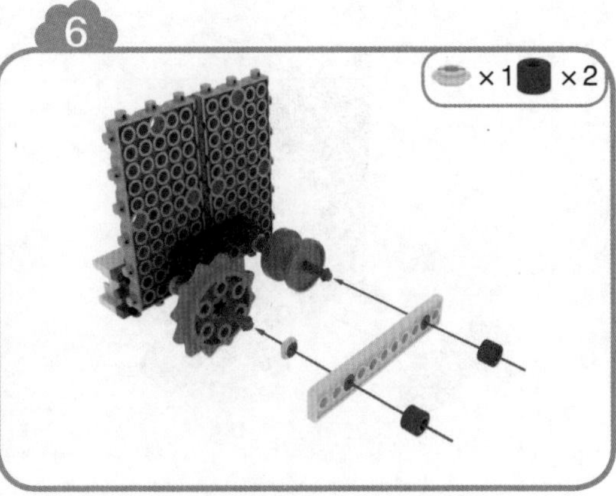

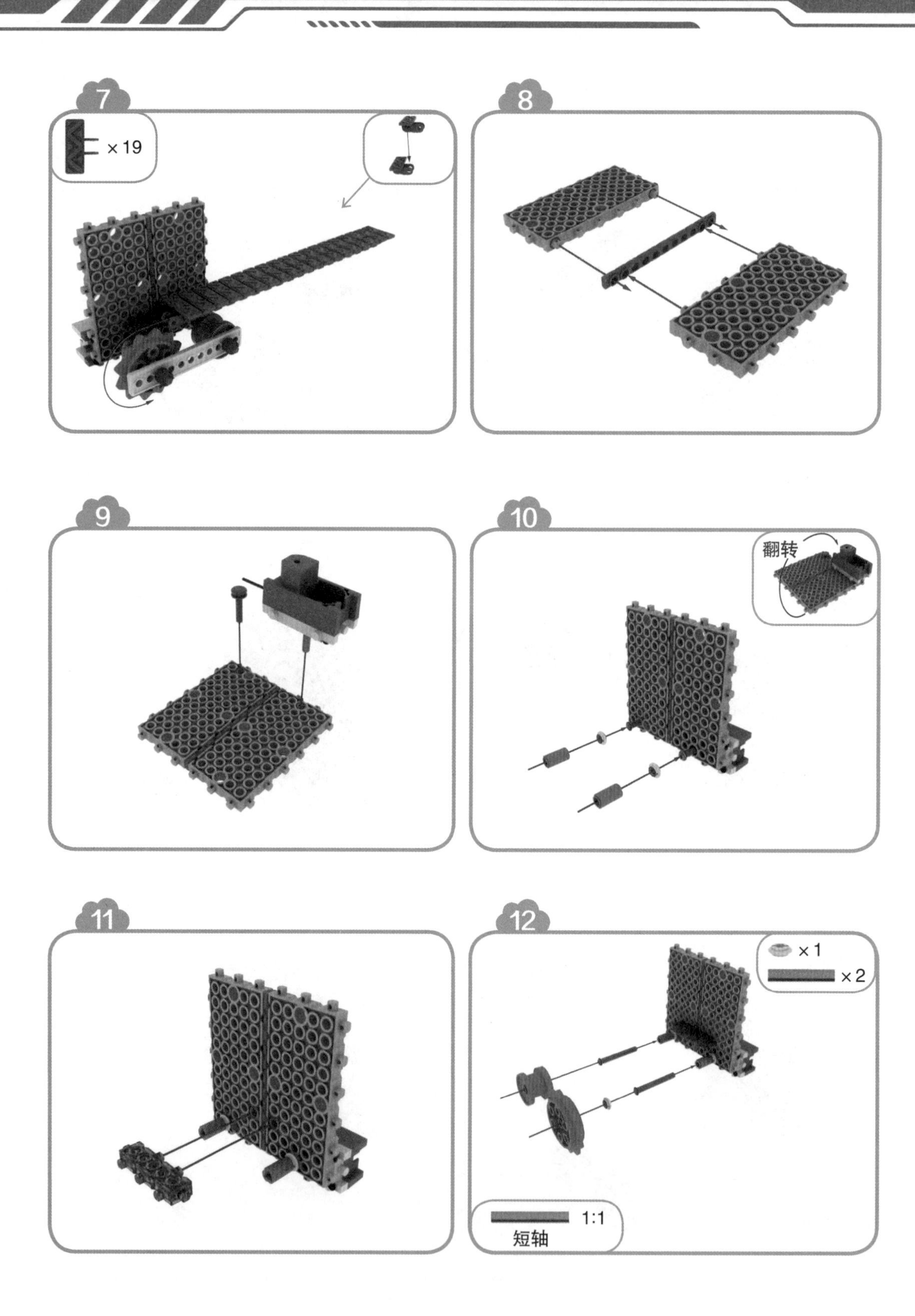
7
×19
8
9
10
翻转
11
12
×1
×2
1:1
短轴

13
×1
×2

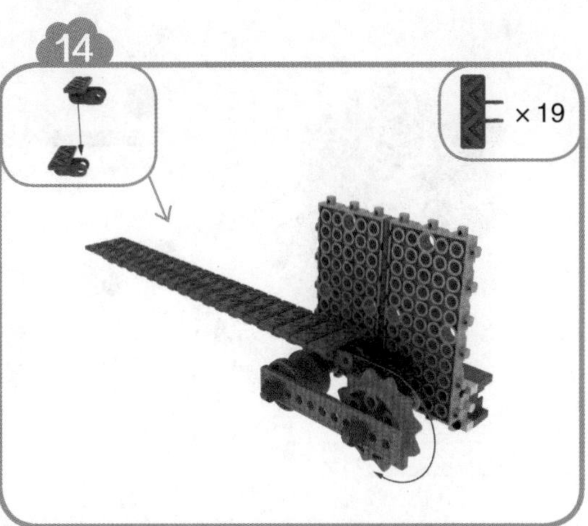
14
×19

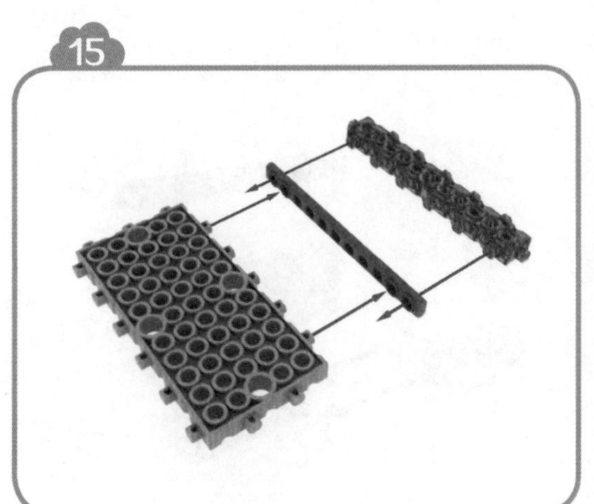
15

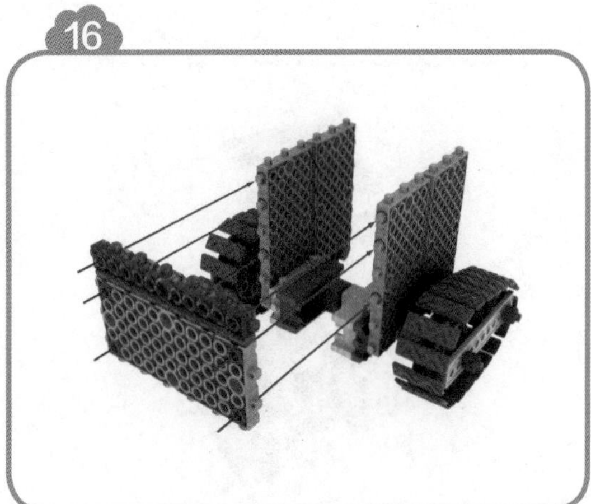
16

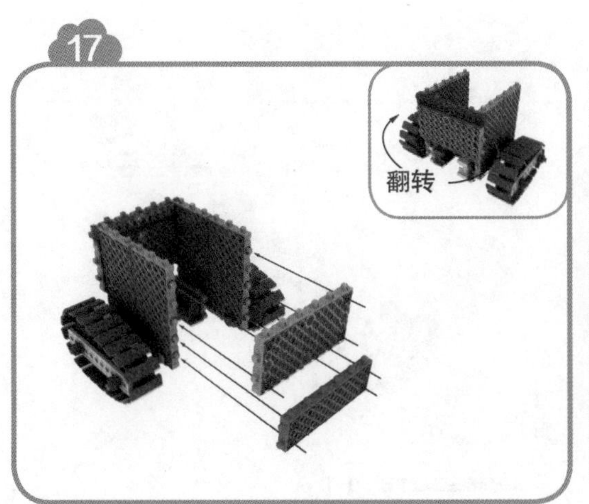
17
翻转

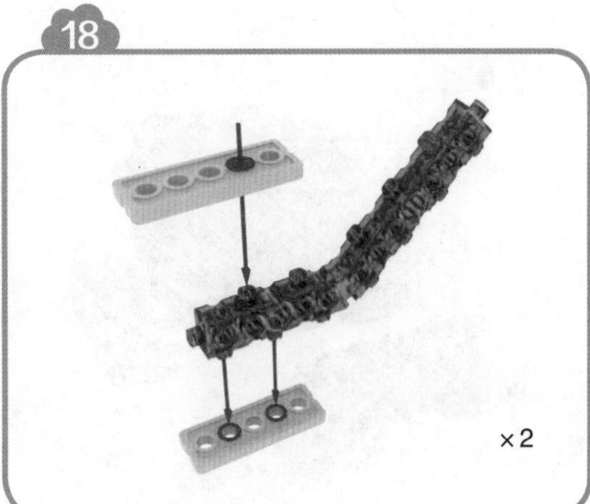
18
×2

19

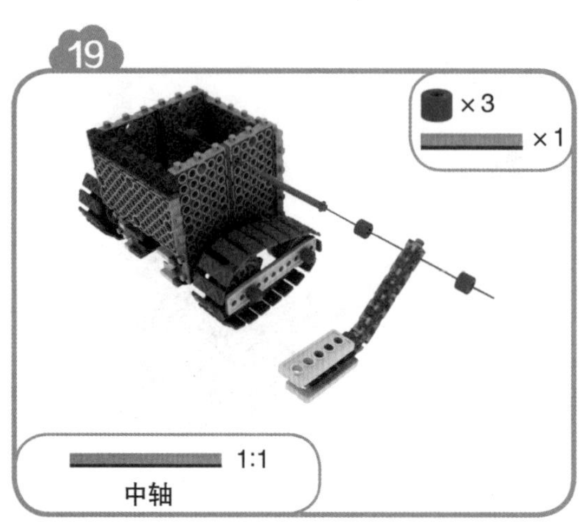

20

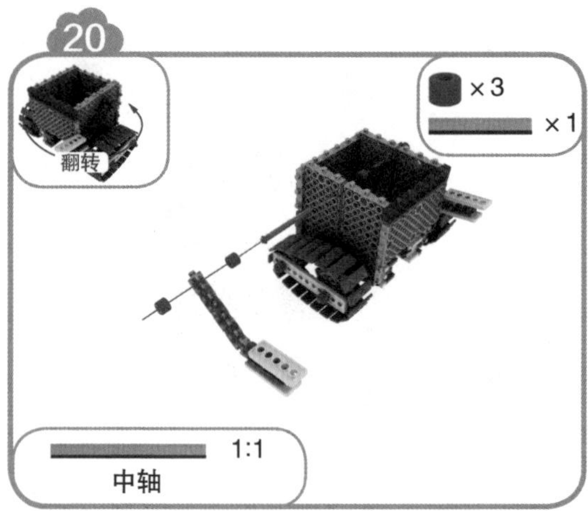

21

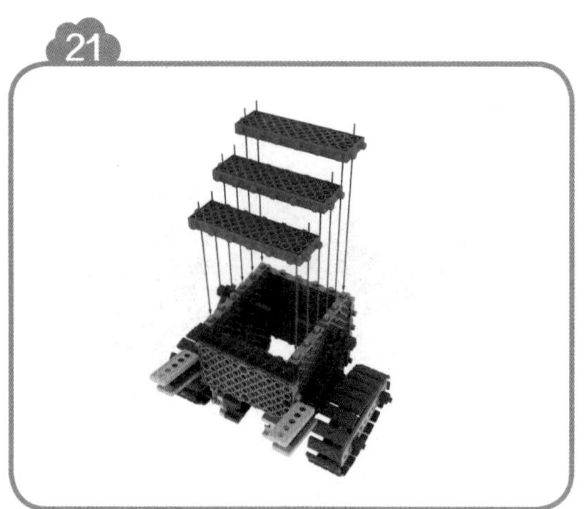

22

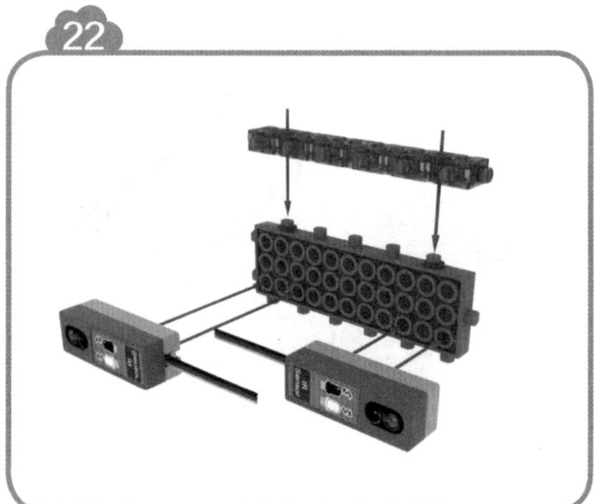

23

24

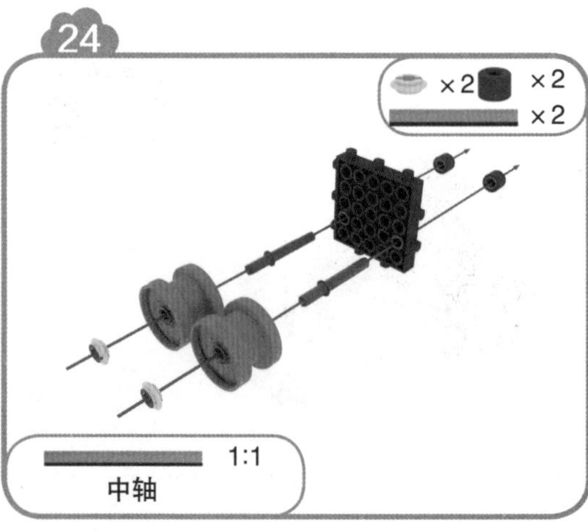

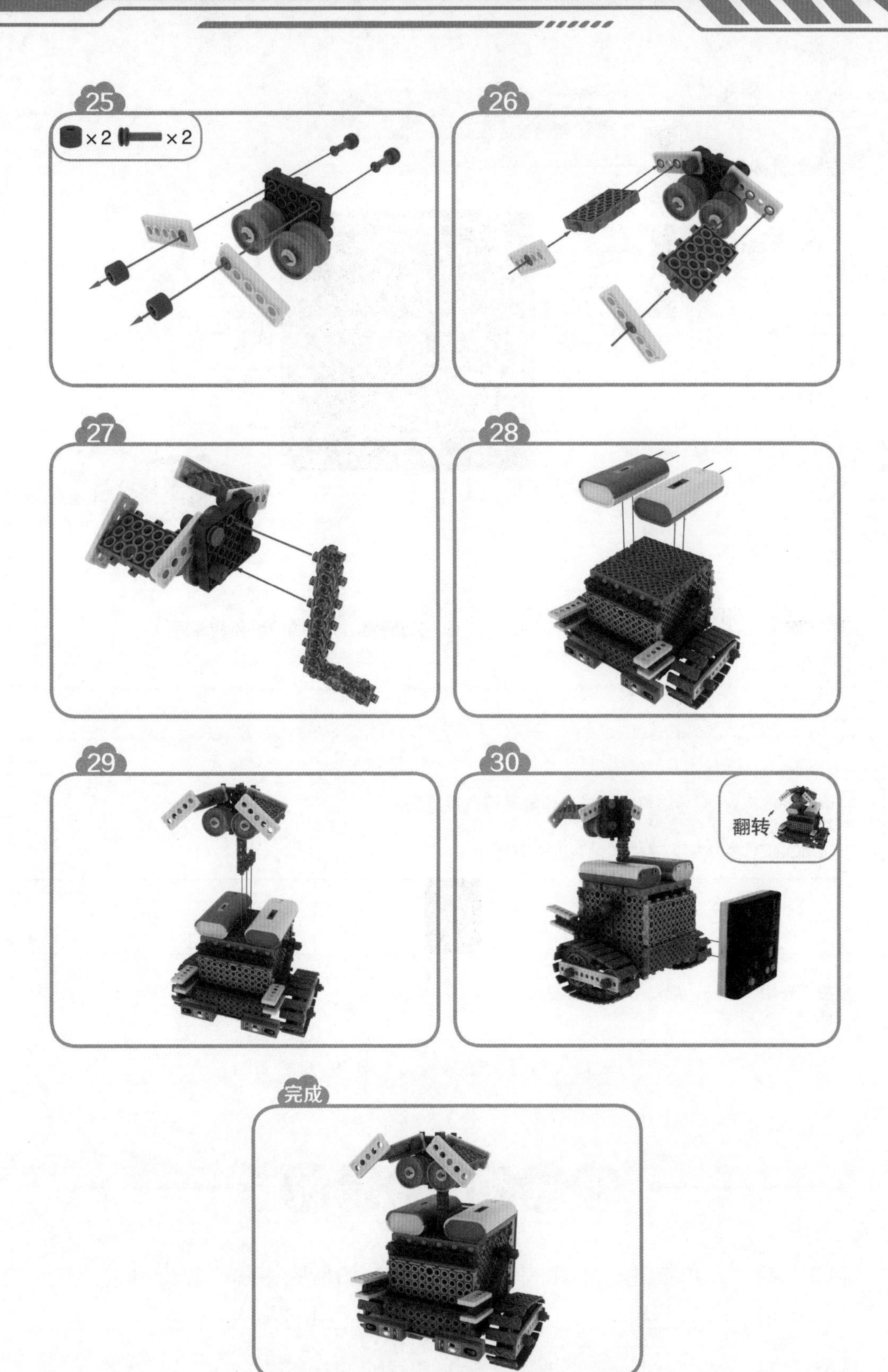
25
×2
×2
26
27
28
29
30
翻转
完成

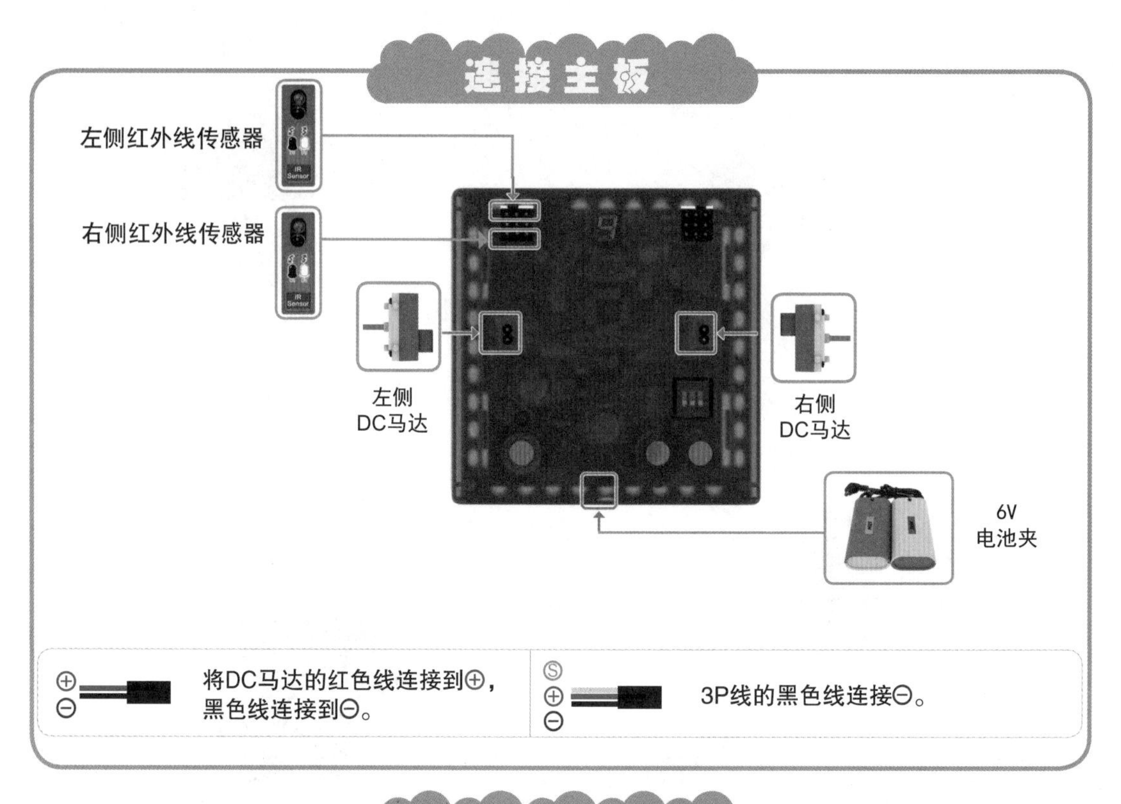

模式设置

① 确认电池夹、DC马达和红外线传感器是否连接正确。
② 打开电源开关。
③ 按MODE设置按钮，将模式设置成下列图示。

MODE #4	8.	避障模式

④ 按“开始”按钮，启动智能机器人。

图 9–3　拼装步骤及操作方法

（1）请你简单描述一下你的智能机器人是如何躲避障碍物继续前进的。
（2）你觉得智能机器人还能应用在我们生活中的哪些方面？

（1）和其他同学的智能机器人进行一场竞赛（图 9-4），看谁的机器人优先找到出口。

※ ① 右侧红外线传感器识别：先后退，再往左侧前进。
② 左侧红外线传感器识别：先后退，再往右侧前进。

图 9-4　竞技 / 游戏

（2）将红外线传感器减少一个，或者增加一个，会有怎样的效果呢？

（1）请将作品拍照、保存。
（2）请将 6V 电池夹关闭并拆下。
（3）请将电子元器件拆下。
（4）请将模型拆除。
（5）请将所有配件放回原位。
（6）对照配件清单清点配件。

第10单元 汽车

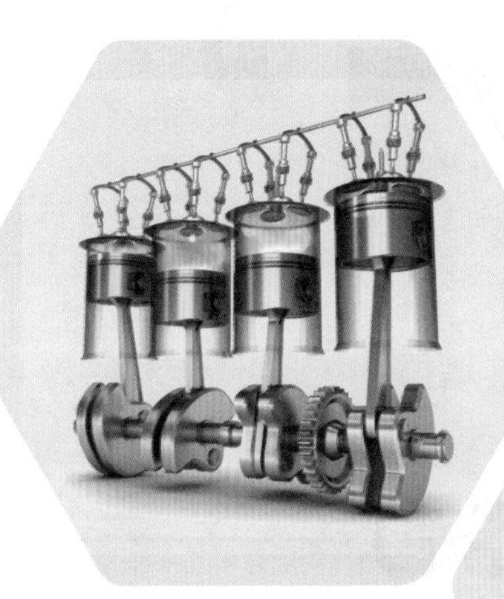

学习目标

◎ 了解汽车发动机的工作原理。

◎ 了解无人驾驶汽车。

◎ 能够发挥想象，改造汽车模型。

◎ 掌握主板的“红外线+遥控器”模式的使用。

大开眼界

1886 年，世界上诞生了第一台真正以汽油为动力源的汽车，这是一台三轮汽车，它是由德国人卡尔·奔驰发明的。汽车之所以能够行驶，主要是由于它的发动机一直在工作。通过发动机气缸内的进气、压缩、做功、排气四个行程有条不紊地循环运作（图 10-1），发动机源源不断地提供动力。

图 10-1 发动机工作原理示意图

在高科技发展的今天，无人驾驶汽车也悄然进入人们的视野。无人驾驶汽车是智能汽车的一种，也称为轮式移动机器人，主要依靠车内以计算机系统为主的智能驾驶仪来实现无人驾驶的目的。2017 年 12 月 2 日，深圳的无人驾驶公交车（图 10-2）正式上路了，这是中国首次，也是全球首例在开放的道路上进行的无人驾驶。目前，无人驾驶汽车已实现自动驾驶下的行人和车辆检测、减速避让、紧急停车、障碍物绕行、变道、自动按站停靠等功能。

图 10-2 无人驾驶公交车

动手实现

① 本单元创意拼装目标：汽车（图 10-3）。

图 10-3　汽车模型

② 准备材料

按照表 10-1 所示的配件清单准备拼装材料，做好搭建准备。

表 10-1　配件清单

品名	图示	数量	品名	图示	数量
三角模块		4 块	圆形模块		2 块
轴模块		2 块	马达固定模块		5 块
小护帽		2 个	模块 35		6 块
小红帽		8 个	模块 311		4 块
L 形模块		6 块	模块 321		3 块

（续）

品名	图示	数量	品名	图示	数量
模块 15		10 块	A4 连接模块		2 块
90 度模块	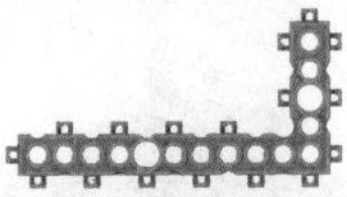	2 块	模块 511	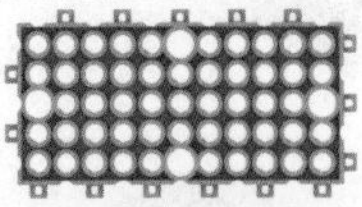	5 块
模块 55		2 块	模块 1117	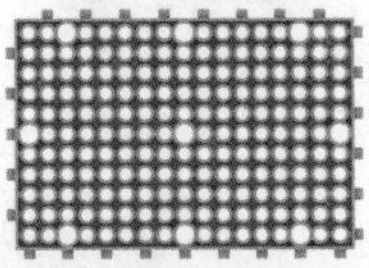	2 块
模块 121		4 块	模块 523	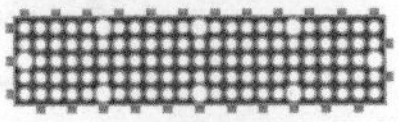	2 块
模块 135	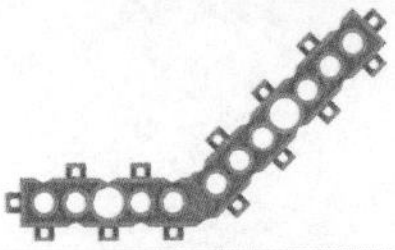	4 块	小轮子	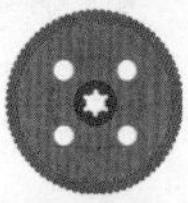	1个
短轴		1根	中轮子		2 个
中轴		3 根	大轮子		2 个
大护帽		3 个	遥控接收器		1个
5 孔连接框架		2 块	红外线传感器		1个
11 孔连接框架		5 块	喇叭传感器	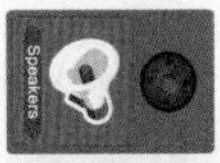	1个
5 孔框架		5 块	主板	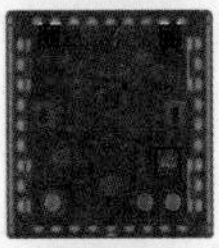	1个
11 孔框架		7 块	DC 马达	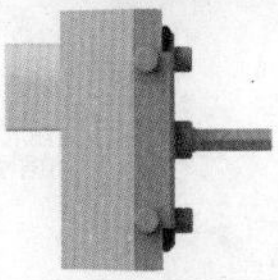	2 个
21 孔框架		1块	6V 电池夹		1块
模块 111		4 块			

③ 动手搭一搭（图 10-4）

1

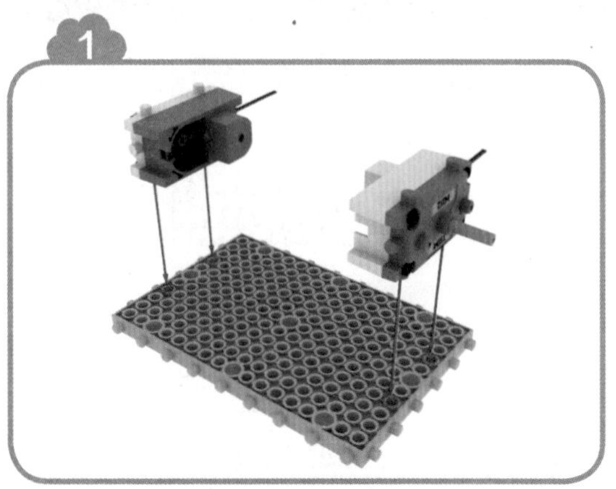

2

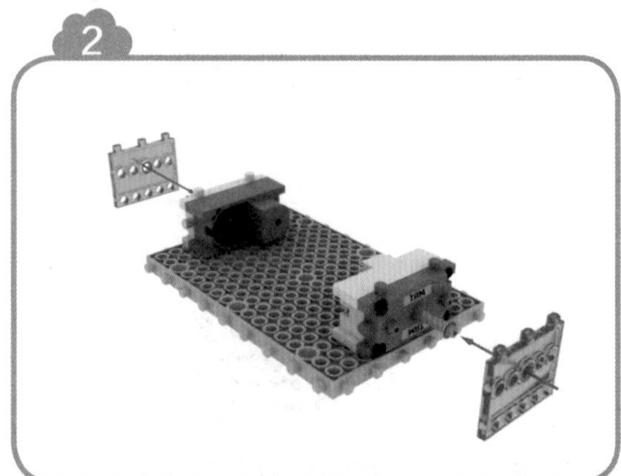

3

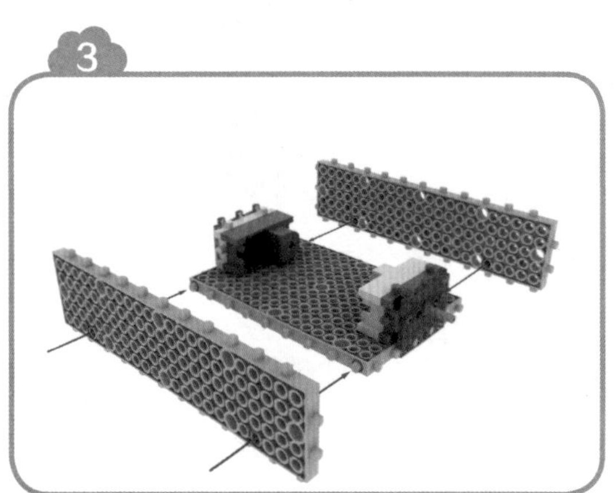

4

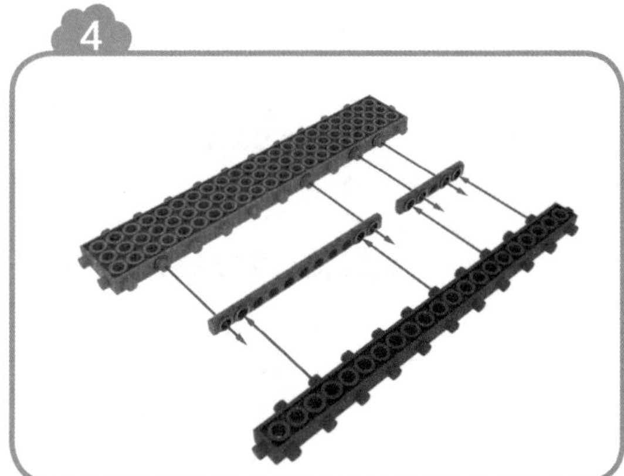

5

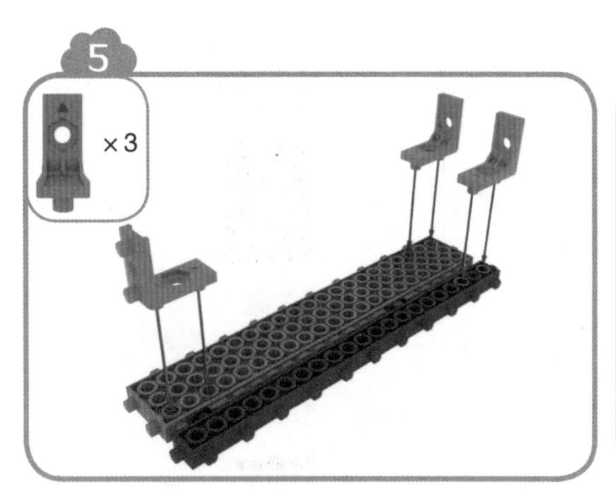

6

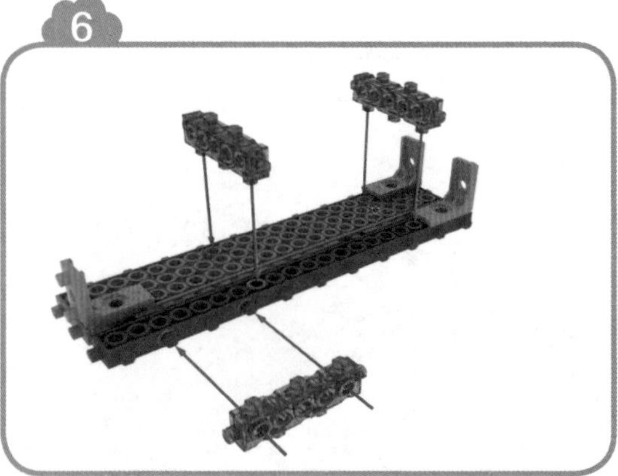

7

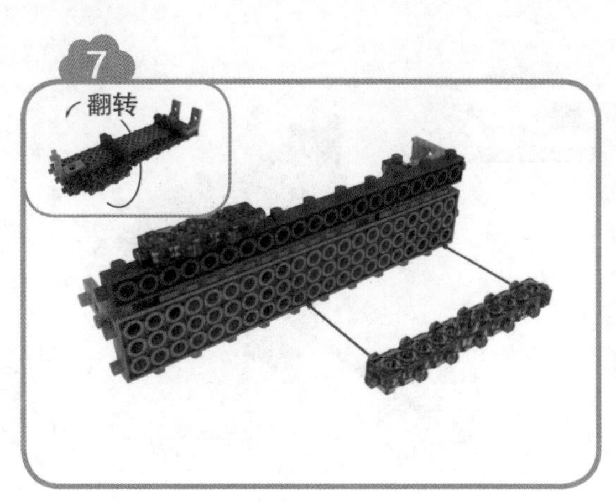

8

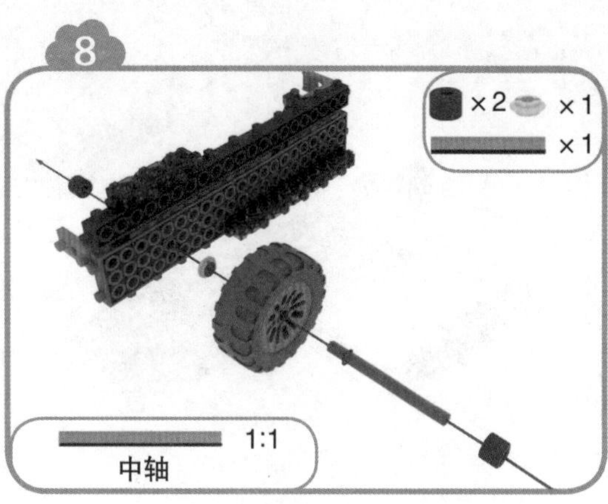

9

10

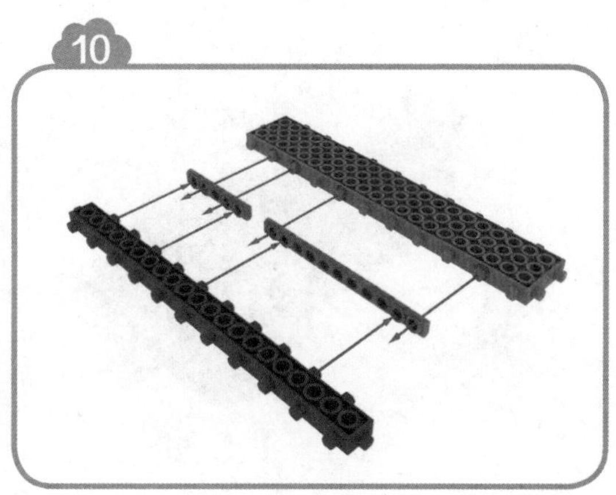

11

12

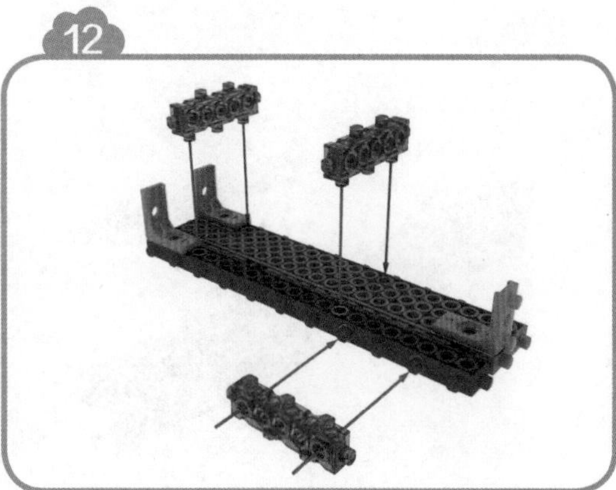

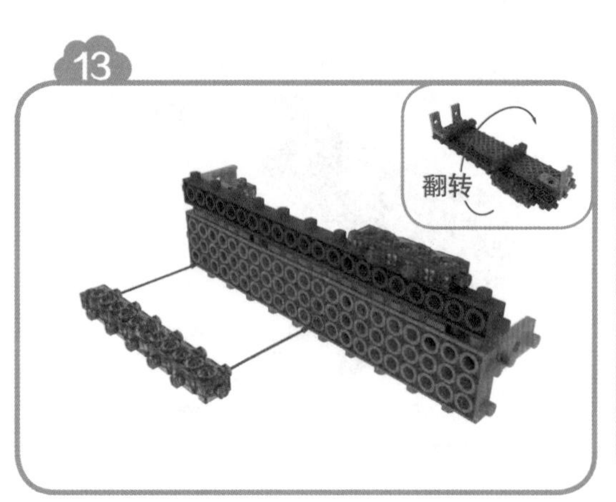
13
翻转

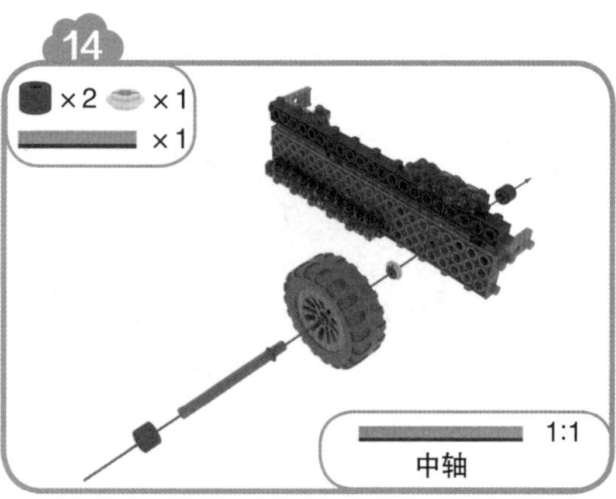
14
×2
×1
×1
1:1
中轴

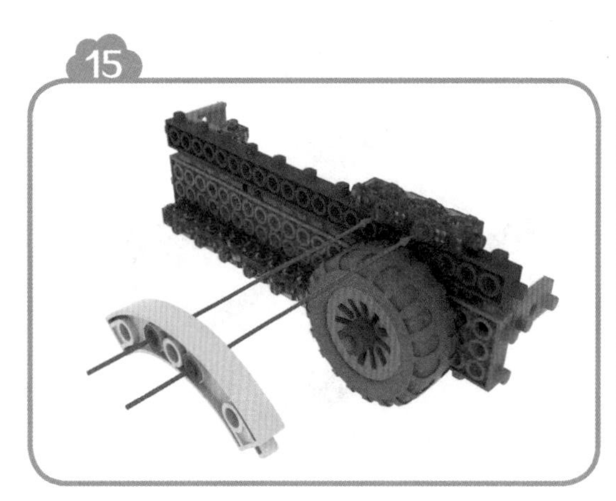
15

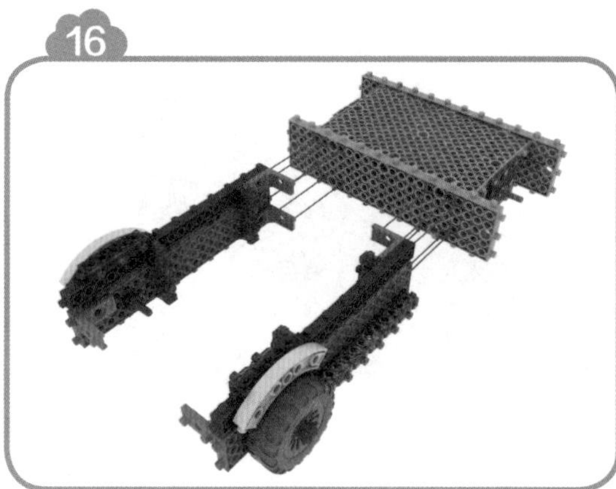
16

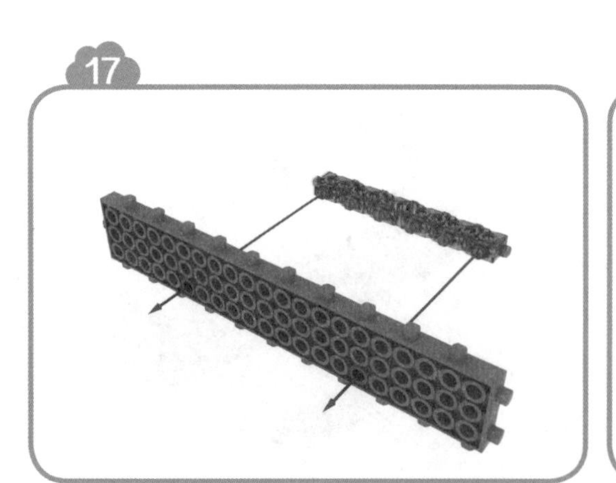
17

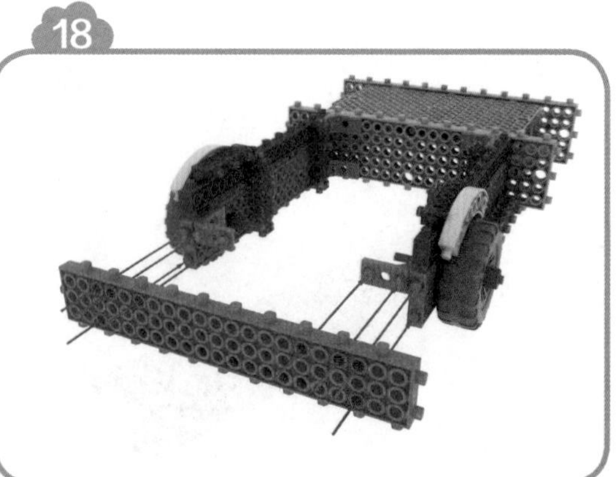
18

19
翻转

20

21
翻转

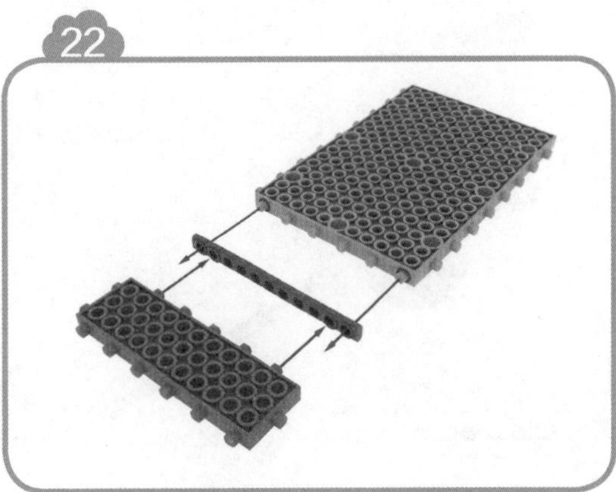
22

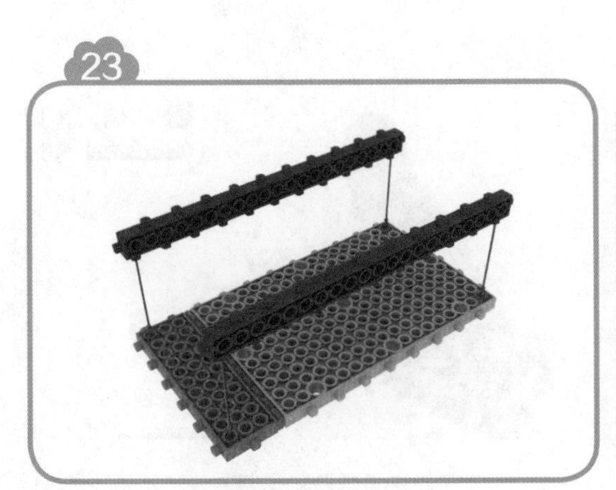
23

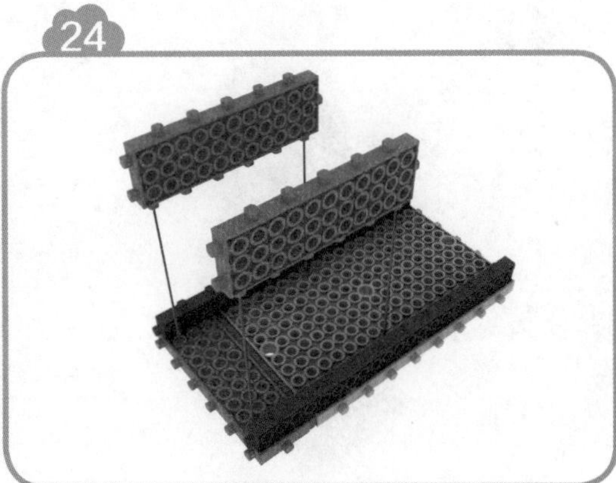
24

25

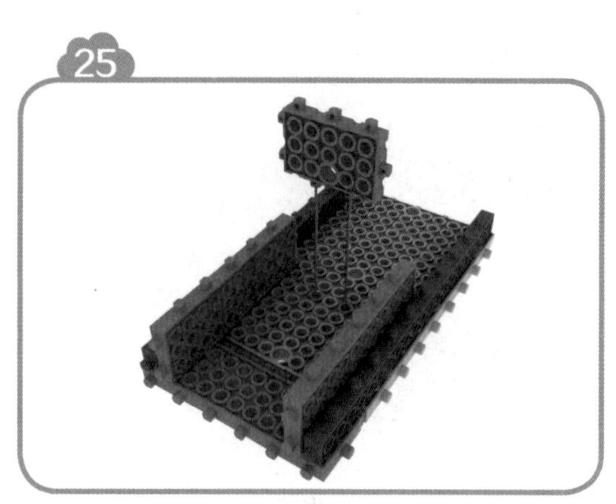

26

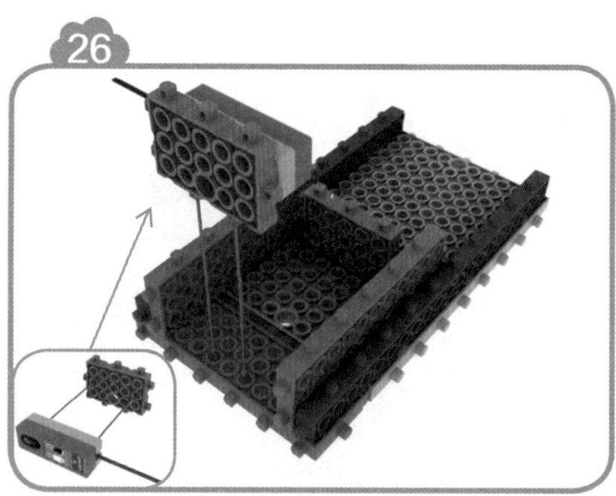

27

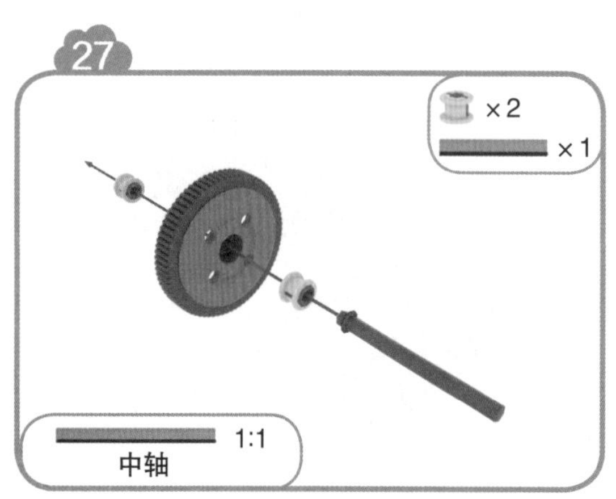

28

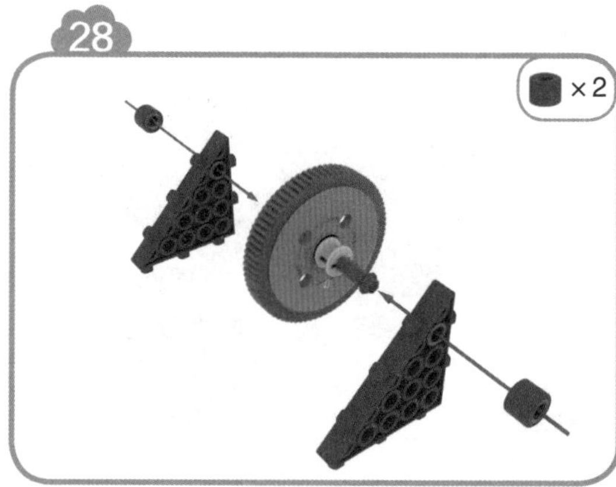

29

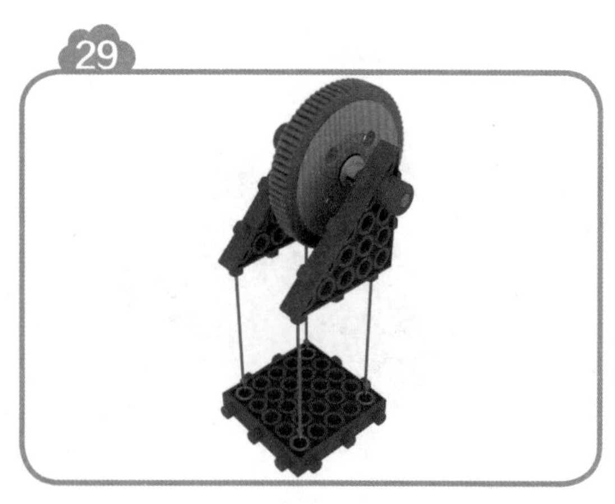

30

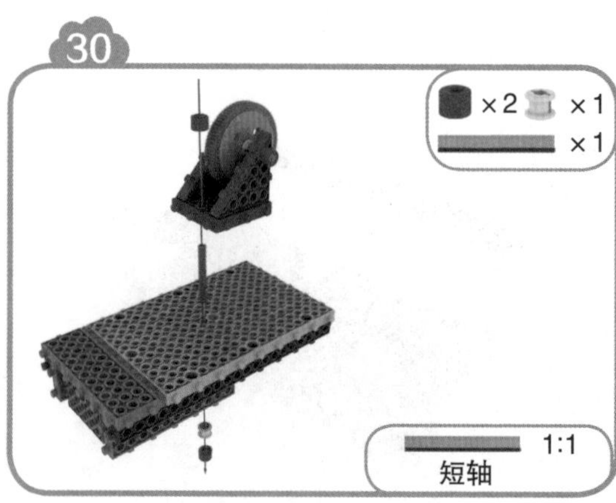

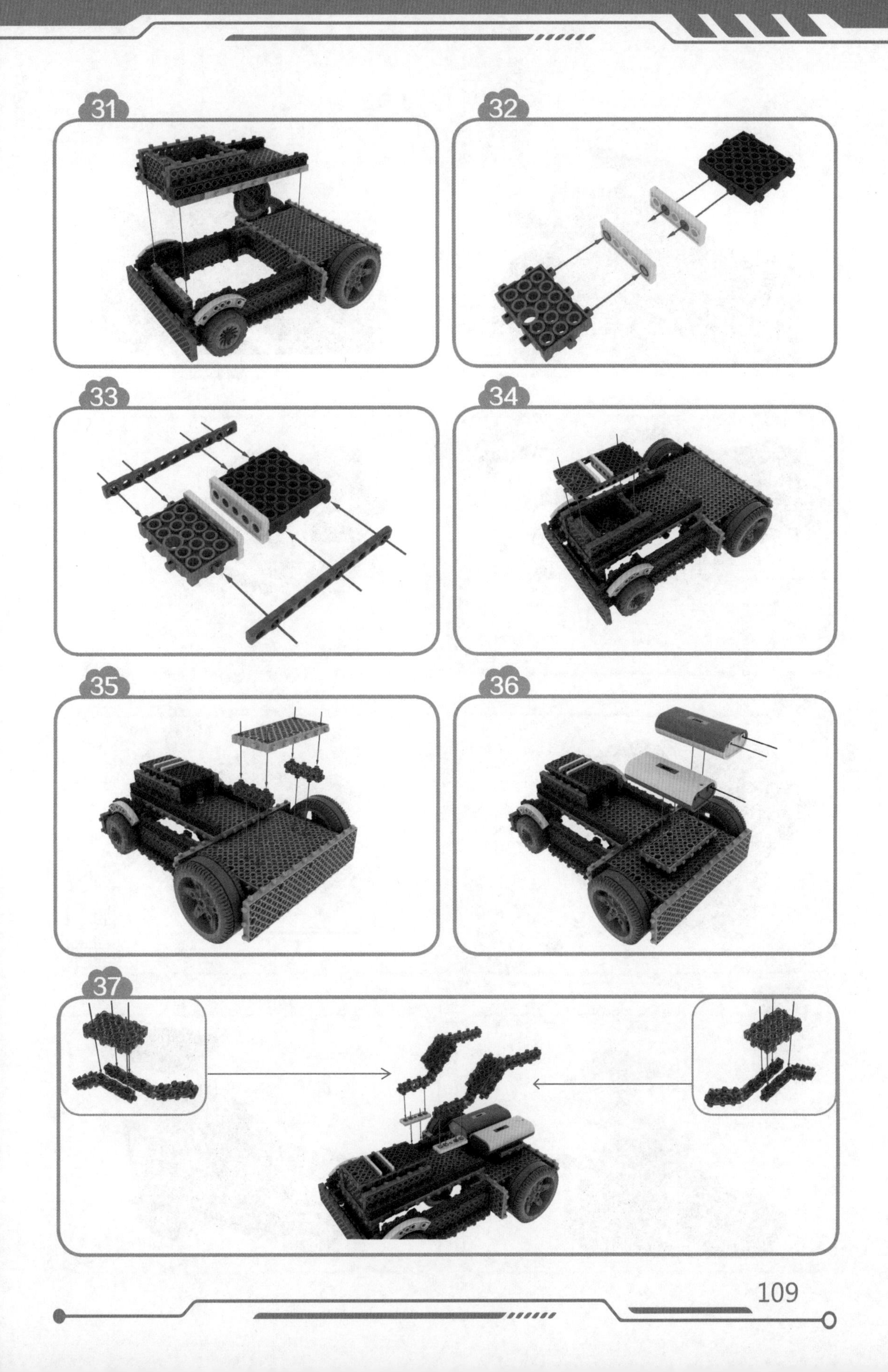

31
32
33
34
35
36
37

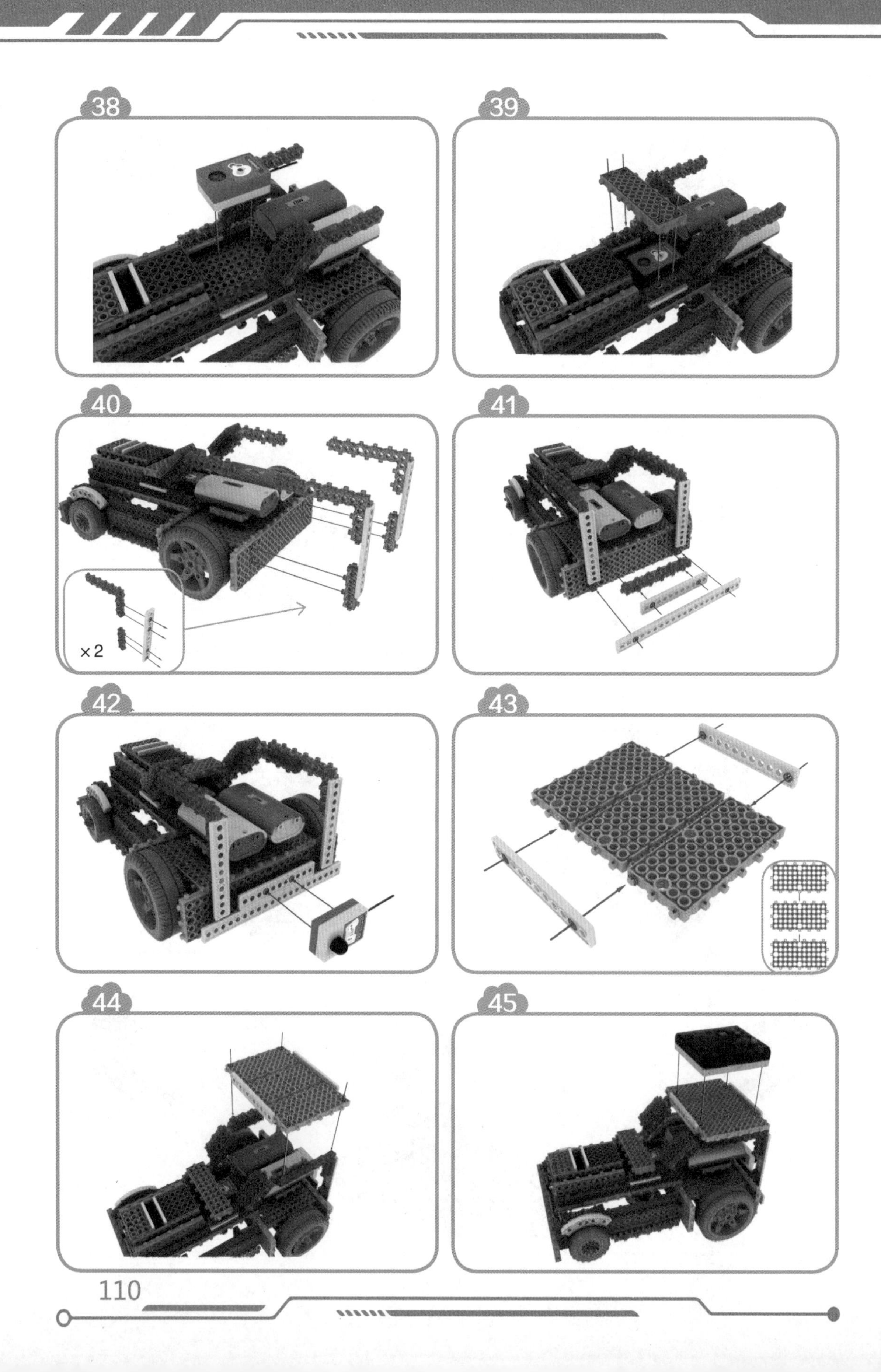
38
39
40
×2
41
42
43
44
45

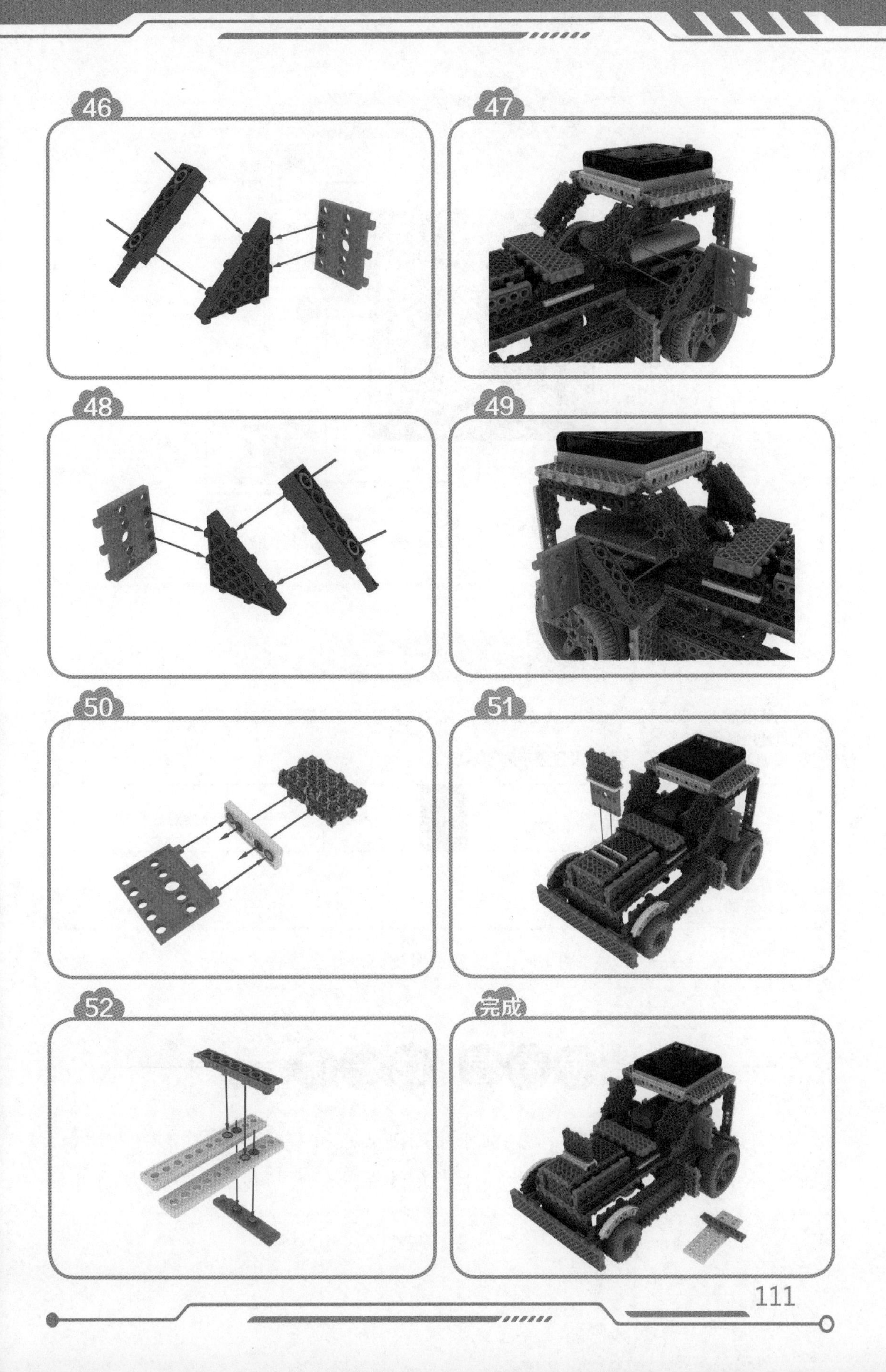
46
47
48
49
50
51
52
完成

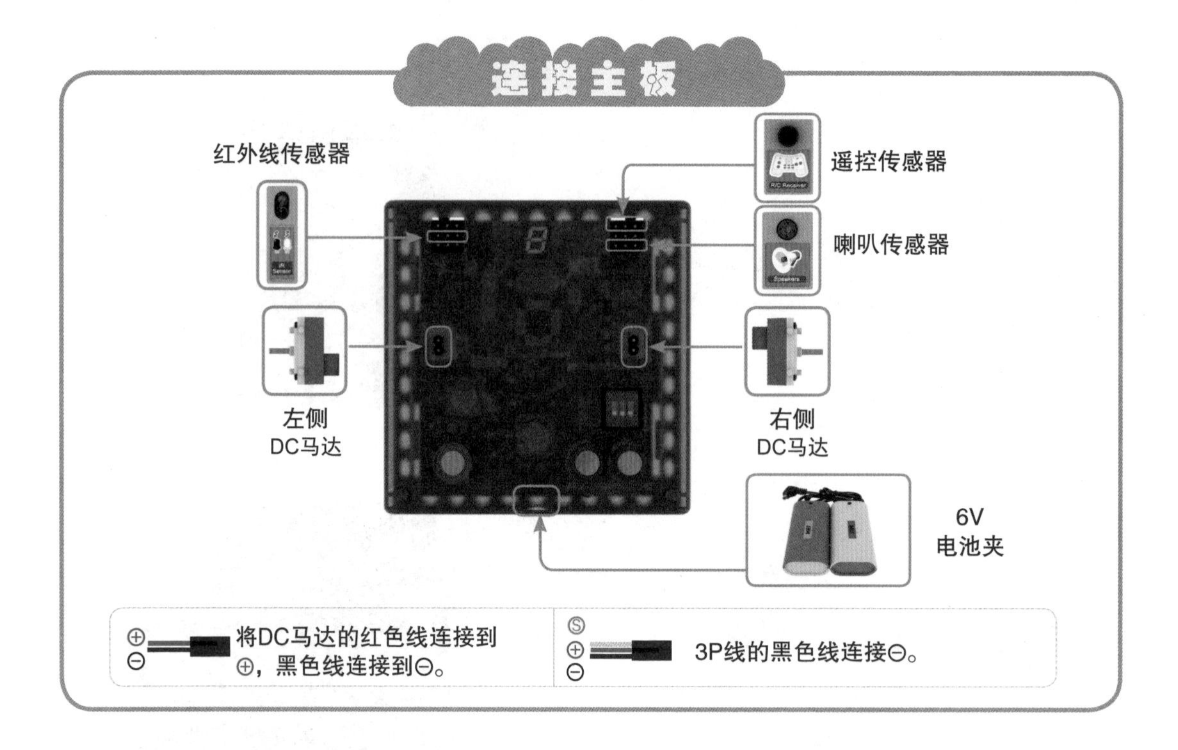

模式设置

① 确认电池夹、DC马达、红外线传感器、喇叭传感器及遥控传感器是否连接正确。
② 打开电源开关。
③ 按MODE设置按钮，将模式设置成下列图示。

MODE #8	8.	遥控+红外线感应模式

④ 设置遥控器的ID。
⑤ 按“开始”按钮，启动汽车。

图 10-4　拼装步骤及操作方法

（1）我们拼装完成的汽车和现实生活中的小汽车有什么共同的地方吗？我们汽车的遥控器类似于现实生活中汽车的哪部分呢？我们汽车的发动机在哪里呢？

（2）为什么我们拼装的汽车要插上钥匙才能动起来呢？

（3）结合上一单元的内容，我们的汽车可以改造成无人驾驶汽车吗？说说你的想法？

搭一搭 试一试

（1）让你的汽车动起来（图 10-5）。

※ 一定要把钥匙插到汽车上才可以启动。

图 10-5 竞技 / 游戏

（2）能不能动手将汽车改造成你更喜欢的造型呢？

（3）动动手，结合前面学到的避障模式，将你的汽车改造成无人驾驶汽车。

结束整理

（1）请将作品拍照、保存。

（2）请将 6V 电池夹关闭并拆下。

（3）请将电子元器件拆下。

（4）请将模型拆除。

（5）请将所有配件放回原位。

（6）对照配件清单清点配件。

附录一 什么是机器人

机器人（Robot）（附图 1），首先是一种机器。这种机器具有两个特点：一是自身带有动力，也就是说不能像电饭锅、电热水壶那样还带着一条电源线；二是能够通过体内预先写好的程序来控制自己的活动。通过改变程序就可以改变机器人的行为。

附图 1　机器人

我们人类可把一些脏的、累的、危险的、简单重复的工作，还有一些太精细或太粗重的人类无法完成的工作交给机器人来完成。

例如，工业机器人，有的可以给汽车喷漆，这样就避免了人吸入有毒气体；有的可以从事高温环境下的焊接工作，将人从条件恶劣的工作中解脱出来。战斗机器人，非常灵活，可以穿越复杂地形，进行前线情况侦察，进行排除地雷的工作，可减少人的很多伤亡。

附图 2　机械狗

又如科研机器人，可以到深深的海底、高温的熔岩、没有空气的太空等人类难以接近或无法到达的地方去进行科学实验。

我们现在所说的机器人还包括了模仿其他生物的机械，如机械猫、机械狗（图 2）等，它们还可以成为人类的宠物和玩伴。

附录二 机器人比赛

现在很多人，包括小学生、中学生和大学生，都可以给机器人编写程序，指挥它们参加各种各样的比赛。

① 世界机器人大赛

世界机器人大赛作为世界机器人大会（WRC）同期举办的活动，自2015年起已同期举办了四届，共吸引了全球20余个国家近8万名选手参赛（附图3），被各大主流媒体广泛赞誉为机器人界的“奥林匹克”，是目前国内外极具影响力的机器人领域官方赛事。

附图3 世界机器人大赛

② 全国中小学信息技术创新与实践活动

全国中小学信息技术创新与实践活动是面向在校中小学师生和幼儿园教师，运用信息技术，培养创新思维、提升实践能力并增强知识产权意识的一项活动，简称NOC活动（NOC为Network, Originality, Competition的缩写的首字母）。此项活动自2002年在北京人民大会堂启动以来，已经举办了十七届，吸引了6万多所学校的近7000万名师生参与（附图4）。国家科学技术奖励工作办公室专为此项活动批准设立的“恩欧希教育信息化发明创新奖”（“恩欧希”是根据“NOC”的中文发音而来），是这项活动的最高奖项。2019年，该赛事入围国家教育部认可的全国性中小学生科技创新竞赛活动公开白名单。

a)

b)

附图 4 NOC 活动比赛

3 国际青少年机器人竞赛（IYRC）

国际青少年机器人竞赛（IYRC），是为全球学习机器人的青少年朋友提供竞技切磋和交流学习的国际化平台，同时也开放给全世界机器人行业从业人员分享创意、发布新品、商务洽谈，进行跨国科技教育交流合作。通过组织机器人比赛（附图 5）和技术研讨，让更多的群众尤其是青少年了解机器人，喜爱机器人，向他们普及机器人技能，为全球机器人行业培养更多人才。机器人研究涉及多个学科，如力学、机械学、电子学、控制论、计算机科学学等，学生在参加机器人比赛过程中不仅可以扩展知识面，还能促进学科交叉，迅速提高学生动手能力，培养学生的创新能力。同时，通过机器人比赛和技术研讨，也可以为推动和促进机器人与人工智能行业的发展贡献一份力量。

附图 5 IYRC 比赛颁奖

my robot time

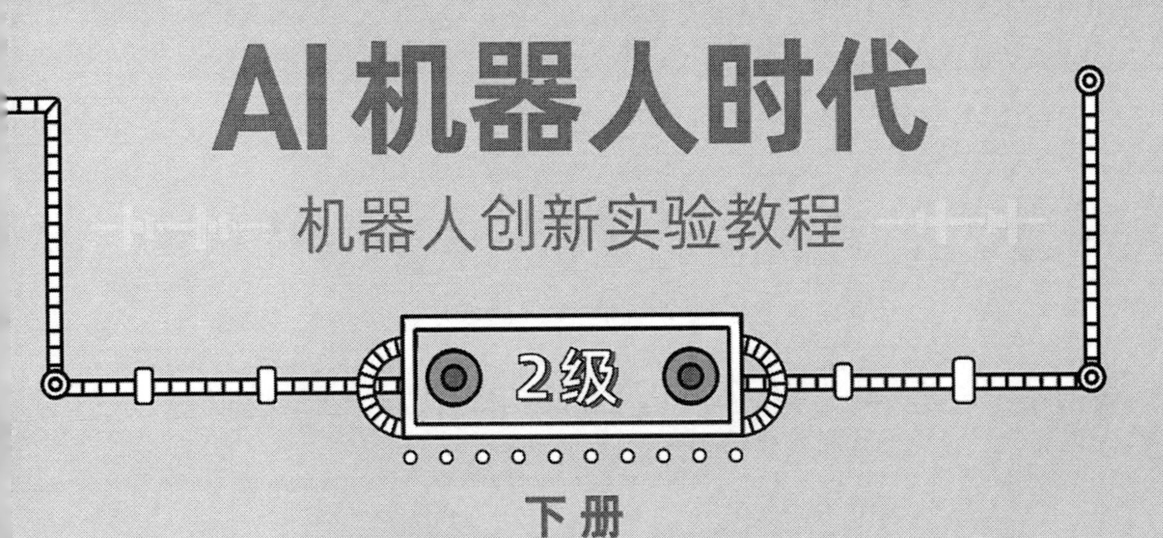

下 册

实训评价手册

“自评结果”按“一般”“合格”“优秀”填写

“综合评价”由指导老师填写

班级________________

姓名________________

机械工业出版社
CHINA MACHINE PRESS

第 1 单元　堂·吉诃德

自评项	自评细则	自评结果
背景导入	认真了解背景知识	
	积极提出疑问	
	主动了解更多相关知识	
实验过程	准备所需配件	
	完成模型搭建	
	正确连接元器件	
	整理配件并放回原位	
探索创意	尝试搭建出《堂·吉诃德》故事中的其他人物	
	尝试搭建出《堂·吉诃德》故事中的物品道具	
合作交流	小组合作搭建《堂·吉诃德》故事场景	
为什么轻骑兵机动性强而重骑兵机动性不高?		
为什么骑兵的杀伤力会比步兵大?		
如果你做骑兵, 你更想做轻骑兵还是重骑兵?		
综合评价:		

第2单元　X－足球机器人

自评项	自评细则	自评结果
背景导入	认真了解背景知识	
	积极提出疑问	
	主动了解更多相关知识	
实验过程	准备所需配件	
	完成模型搭建	
	正确连接元器件	
	整理配件并放回原位	
探索创意	了解3人足球赛的规则	
	了解11人足球赛的规则	
合作交流	合作搭建足球场	
	确定足球比赛规则	
	举行一场足球比赛	

简单描述讨论确定的比赛规则，如比赛人数、赢球规则等。

综合评价：

第 3 单元　碰碰车

自评项	自评细则	自评结果
背景导入	认真了解背景知识	
	积极提出疑问	
	主动了解更多相关知识	
实验过程	准备所需配件	
	完成模型搭建	
	正确连接元器件	
	整理配件并放回原位	
探索创意	尝试改造碰碰车，使它更易控制	
	尝试改造碰碰车，使它更具攻击力	
合作交流	讨论决定碰碰车游戏规则	
	进行碰碰车游戏比赛	

画出或写出你对碰碰车的改动方案：

综合评价：

第 4 单元　鼓手考拉宝宝

<table>
<tr><th>自评项</th><th>自评细则</th><th>自评结果</th></tr>
<tr><td rowspan="3">背景导入</td><td>认真了解背景知识</td><td></td></tr>
<tr><td>积极提出疑问</td><td></td></tr>
<tr><td>主动了解更多相关知识</td><td></td></tr>
<tr><td rowspan="4">实验过程</td><td>准备所需配件</td><td></td></tr>
<tr><td>完成模型搭建</td><td></td></tr>
<tr><td>正确连接元器件</td><td></td></tr>
<tr><td>整理配件并放回原位</td><td></td></tr>
<tr><td rowspan="2">探索创意</td><td>尝试使用不同物品制作考拉宝宝的鼓</td><td></td></tr>
<tr><td>了解打击乐的形式</td><td></td></tr>
<tr><td rowspan="2">合作交流</td><td>与同学讨论并确定练习曲目</td><td></td></tr>
<tr><td>与同学进行一场打击乐音乐会</td><td></td></tr>
<tr><td colspan="3">能不能用鼓来传递信息呢？　如何传递呢？</td></tr>
<tr><td colspan="3">综合评价：</td></tr>
</table>

第 5 单元　拳击机器人

自评项	自评细则	自评结果
背景导入	认真了解背景知识	
	积极提出疑问	
	主动了解更多相关知识	
实验过程	准备所需配件	
	完成模型搭建	
	正确连接元器件	
	整理配件并放回原位	
探索创意	尝试改进拳击机器人	
	尝试改变拳击机器人的用途	
合作交流	向同学介绍自己的改进作品	
	与同学讨论并确定拳击比赛规则	
	按讨论出来的规则与同学进行一场拳击比赛	

观察现有的拳击机器人模型，看存在哪些问题？
你做了哪些修改？
综合评价：

第 6 单元　开合桥

自评项	自评细则	自评结果
背景导入	认真了解背景知识	
	积极提出疑问	
	主动了解更多相关知识	
实验过程	准备所需配件	
	完成模型搭建	
	正确连接元器件	
	整理配件并放回原位	
探索创意	尝试搭建可以既省力又改变方向的装置	
	了解开合桥的优缺点	
合作交流	小组讨论搭建其他开合桥的实现方法	
	小组合作实现搭建其他开合桥	
本例使用的滑轮是定滑轮还是动滑轮？		
画出你设计的既省力又改变方向的装置：		
综合评价：		

第 7 单元　垂直电梯

自评项	自评细则	自评结果
背景导入	认真了解背景知识	
	积极提出疑问	
	主动了解更多相关知识	
实验过程	准备所需配件	
	完成模型搭建	
	正确连接元器件	
	整理配件并放回原位	
探索创意	了解学校和家所在楼的电梯载重	
	了解搭乘电梯的安全注意事项	
合作交流	班级讨论搭乘电梯的安全注意事项	
	合作搭建更高的垂直电梯模型	
记录学校的电梯和居住小区的电梯的载重限额。		
搭乘电梯有哪些安全注意事项?		
综合评价:		

第 8 单元　坦　克

自评项	自评细则	自评结果
背景导入	认真了解背景知识	
	积极提出疑问	
	主动了解更多相关知识	
实验过程	准备所需配件	
	完成模型搭建	
	正确连接元器件	
	整理配件并放回原位	
探索创意	尝试将坦克炮塔改造成旋转炮塔	
合作交流	讨论：装甲是不是越厚越好	
	讨论：履带还有哪些特点	
	合作搭建复杂的地形，让坦克通过	

装甲是不是越厚越好呢？　为什么？

履带还有哪些特点？

综合评价：

第 9 单元　相扑机器人

自评项	自评细则	自评结果
背景导入	认真了解背景知识	
	积极提出疑问	
	主动了解更多相关知识	
实验过程	准备所需配件	
	完成模型搭建	
	正确连接元器件	
	整理配件并放回原位	
探索创意	了解家里的遥控器的工作原理	
	尝试使用红外线传感器搭建其他模型	
合作交流	合作搭建“土表”	
	操控相扑机器人开展一场相扑比赛	
你觉得家里的遥控器是如何工作的呢?		
综合评价:		

第 10 单元　滑雪机器人

自评项	自评细则	自评结果
背景导入	认真了解背景知识	
	积极提出疑问	
	主动了解更多相关知识	
实验过程	准备所需配件	
	完成模型搭建	
	正确连接元器件	
	整理配件并放回原位	
探索创意	改进搭建的滑雪机器人模型	
合作交流	向同学介绍自己的改装	
	合作搭建不同的地形，让滑雪机器人滑行	

高山滑雪和越野滑雪，哪项的速度更快？ 为什么?

综合评价：

第11单元　火　车

自评项	自评细则	自评结果
背景导入	认真了解背景知识	
	积极提出疑问	
	分享日常生活中看到的火车	
实验过程	准备所需配件	
	完成模型搭建	
	正确连接元器件	
	整理配件并放回原位	
探索创意	尝试更改线路的宽度	
	尝试制作不同的线路	
合作交流	讨论：本例火车与真正的火车有什么区别	
	合作设计不同的线路图，并让火车跑起来	
	合作在线路附近搭建地形，并让火车跑起来	

记录讨论出来的模型火车与真正火车的区别。

综合评价：

4 全国中小学生创·造大赛

全国中小学生创·造大赛是教育部认可的2019年面向中小学生开展的全国性竞赛活动，被科技部、中宣部、中国科协列为全国科技活动周常年举办的重大科普示范活动，并获得了多个部门的大力支持。大赛以培养有时代精神、创新能力和家国情怀的全球化时代终生学习者为目标，是一项围绕国家创新驱动发展战略和青少年创新思维养成而设计、以比赛为呈现形式的科学教育实践活动，旨在培养学生综合运用知识的能力、基本工程实践能力、创新意识与创造能力，激发学生从事科学研究与探索的兴趣和潜能，引导学生注重团队协作、动手实践，全面提高学生科学素养。